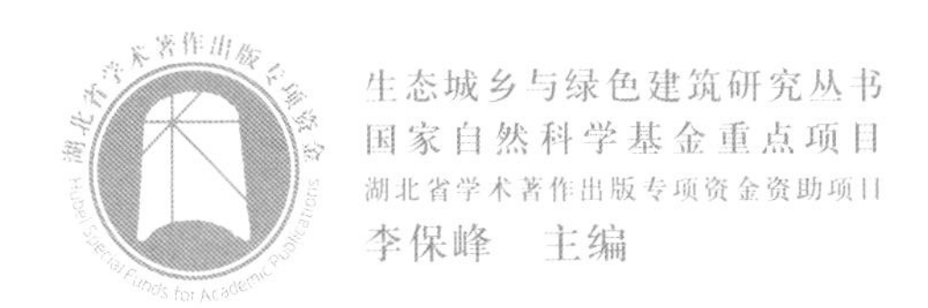

生态城乡与绿色建筑研究丛书
国家自然科学基金重点项目
湖北省学术著作出版专项资金资助项目
李保峰　主编

Research on the Impact of Urban Morphology on Urban Climate in the Built Up Zone

城市中心区气候影响研究

周雪帆　著

图书在版编目(CIP)数据

城市中心区气候影响研究/周雪帆著. —武汉:华中科技大学出版社,2018.8
(生态城乡与绿色建筑研究丛书)
ISBN 978-7-5680-4164-5

Ⅰ. ①城… Ⅱ. ①周… Ⅲ. ①市中心-城市气候-气候影响-研究 Ⅳ. ①P463.3

中国版本图书馆 CIP 数据核字(2018)第 119869 号

城市中心区气候影响研究 周雪帆 著
Chengshi Zhongxinqu Qihou Yingxiang Yanjiu

策划编辑:易彩萍
责任编辑:易彩萍
封面设计:王 娜
责任校对:李 琴
责任监印:朱 玢
出版发行:华中科技大学出版社(中国·武汉) 电话:(027)81321913
武汉市东湖新技术开发区华工科技园 邮编:430223
录 排:华中科技大学惠友文印中心
印 刷:武汉市金港彩印有限公司
开 本:710mm×1000mm 1/16
印 张:11.5
字 数:183 千字
版 次:2018 年 8 月第 1 版第 1 次印刷
定 价:128.00 元

本书得到以下4个基金项目支持：

(1) 城市形态与城市微气候耦合机理与控制(国家自然科学基金重点项目,项目批准号:51538004)；

(2) 基于WRF的水网城市广义通风道微气候调节规划策略研究——以武汉为例(国家自然科学基金青年项目,项目批准号:51708237)；

(3) 有利于空气污染物扩散的城市通风道控制性规划指标研究(中国博士后科学基金,项目批准号:2015M572144)；

(4) 基于WRF-Chem的水网城市通风道规划策略研究(华中科技大学自主创新基金项目)。

作者简介 | About the Author

周雪帆

华中科技大学博士，日本东京大学交换留学博士，现为华中科技大学建筑与城市规划学院讲师，日本东京工艺大学短期合作研究员，主要从事中尺度城市气候、环境相关研究。曾获湖北省优秀博士、硕士论文奖。国家自然科学基金青年项目“基于 WRF 的水网城市广义通风道微气候调节规划策略研究——以武汉为例”项目负责人，中国博士后科学基金“有利于空气污染物扩散的城市通风道控制性规划指标研究”项目负责人，国家自然科学基金重点项目“城市形态与城市微气候耦合机理与控制”核心参与研究人员。

前　言

随着改革开放、经济发展，我国各大中城市均处于城市化发展过程中，截至2011年12月，我国城市化率突破50%，中国城镇人口首次超过农村人口，中国城市化已进入关键发展阶段。城市化带来诸如城市用地面积紧张、建筑密集、下垫面人工化严重等问题，造成城市容积率、建筑密度的增长。伴随着城市化进程的加速，废热积聚、通风不力、人工热排放量倍增，这些问题在城市中心区内表现得尤为显著，导致中心区内平均气温升高，加剧了城市热岛现象。因此，基于城市气候保护的城市中心区发展研究，已经成为城市规划及城市环境、气候研究领域迫切需要解决的研究问题之一。

本书以长江中下游城市武汉为研究案例，针对城市中心区用地需求日益增加所带来的城市年平均气温逐年升高，城市热岛现象逐年增强这一现象展开讨论。以2020年武汉市总体规划为基础，从容积率、建筑密度、天然水体面积变化等3个与城市用地开发强度及空间发展模式相关的视角出发，利用计算机数值模拟技术，通过多种研究案例的情景分析，进行不同的城市开发强度与空间发展模式对城市中心区气候的影响程度的定量化分析，旨在探讨获得有利于城市气候的中心区开发强度控制策略与空间发展模式，并据此为城市规划设计及决策者提供数据参考与决策依据。

本书主要包括以下三个方面的内容。首先，在实测验证模型精确度的基础上，创新性地采用了耦合城市冠层模型UCM(urban canopy model)的中尺度气象模拟模型WRF(weather research and forecasting model)作为研究方法及技术手段，以求更加精确地模拟城市冠层内建筑物与建筑物之间、建筑物与地面之间、建筑物与天空之间的多次长、短波反射等物理过程，以确保研究的准确性及精确度。其次，以城市中心区内容积率、建筑密度、天然水体面积为自变量，设计了3组共18个基础研究案例，通过模拟计算，分析、比较个体案例间平均气温、风速、长波及短波辐射、显热、潜热、城市热岛强度等，由此定量化地得到有利于城市气候的城市中心区开发强度控制策略。最后，在前述基础研究之上，有针对性地对城市中心区内高层化发展、高密度化发展、无天然水体等极端情况进行情景分析研究，并据此预测武汉市 2020 年及以后城市气候的变化趋势。

本书第一章介绍了城市主城区气候影响研究的背景、目标及意义，在此基础上，第二章介绍了相关研究的国内外研究现状，并引出第三章关于研究及验证方法、计算条件、研究范围、研究案例的设定的介绍，以此总结并引出第四、第五、第六章。第四、第五、第六章分别探讨了武汉市中心区内建筑密度、容积率、天然水体面积的变化对城市中心区气候、环境的影响。第七章探讨了城市中心区内高层化、高密度化、无天然水体等极端情况下城市空间发展的案例，并据此预测武汉市 2020 年后城市气候、环境的变化趋势。最后，第八章给出全书的总结及讨论。

目　　录

第一章 绪 论

随着改革开放、经济发展，我国各大中城市均有明显的城市化发展趋势，截至2011年12月，我国城镇人口占总人口比例突破50%，标志着我国城市化率突破50%。长江中下游城市武汉也不例外。1983年8月19日，国务院批准将孝感地区的黄陂县、黄冈地区的新洲县划归武汉市。1984年，设立武汉市汉南区。1992年9月12日，民政部批准撤销汉阳县，设立武汉市蔡甸区，区人民政府驻蔡甸镇。1995年3月28日，国务院批准撤销武昌县，设立武汉市江夏区，区人民政府驻纸坊镇。1996年，全市面积为8467.11平方千米，人口为700万人。市政府驻江岸区，辖江岸、江汉、硚口、汉阳、武昌、青山、洪山、东西湖、汉南、蔡甸、江夏11区和黄陂、新洲2县。1998年9月15日，国务院批准撤销新洲县，设立武汉市新洲区，以原新洲县的行政区域为新洲区的行政区域，区人民政府驻城关镇；撤销黄陂县，设立武汉市黄陂区，以原黄陂县的行政区域为黄陂区的行政区域，区人民政府驻前川镇。直到2000年初期，武汉市发展成为占地面积为8494.41平方千米的长江中下游地区大型城市。根据武汉市统计局信息，武汉市城市人口数量逐年也有明显的增长，详见图1-1。

随着城市化的发展，武汉市人口逐年增长，并伴随着明显的城市容积率、建筑密度的变化。如图1-2显示了武汉市2000年至2009年竣工房屋建筑面积统计数据，不难发现在中心城区面积基本不变的情况下，建筑面积有明显增长，这带来了容积率、建筑密度的增加。由于中心城区发展较郊区更为成熟并自成系统，且因为受到行政区划的限制，不可能有较大规模的用地面积变化，注定了城区特别是城市中心区向高密度、高层化方向发展的发展模式。

另外，武汉市水域面积巨大，共有2217.6平方千米，覆盖率为26.10%，因此武汉市有“百湖之市”的美名。然而，由于经济建设及人口增长带来的

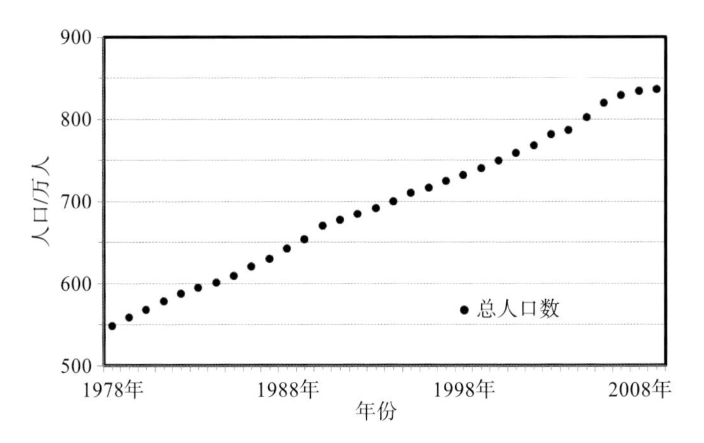

图 1-1　武汉市 1978 年至 2008 年人口逐年统计数据

（武汉市统计局提供）

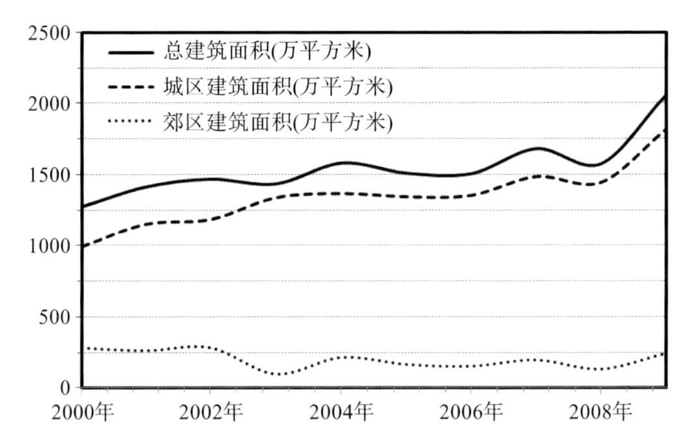

图 1-2　武汉市 2000 年至 2009 年竣工房屋建筑面积统计数据

（武汉市统计局提供）

用地需求增加，历史上武汉市有几次显著的填湖改造。根据武汉市规划局提供的一份资料显示，1965 年至 2008 年是武汉中心城区内水体面积消失最明显的 43 年。1965 年，武汉中心城区内水体面积为 518.25 平方千米，至 2008 年，此数据下降到 387.75 平方千米。除了容积率、建筑密度的增加，下垫面属性的改变，即水体面积的减少也是武汉市城市化进程最明显的表现之一。

城市化带来诸如用地面积紧张、人工热排放量增加的问题，而这些问题将一定程度地影响城市热环境及环境的舒适性。在大力发展城市经济基础建设的同时，又不忽视对城市环境的保护，是现在我国各大中型城市建设者共同关注的重要课题。

城市容积率、建筑密度持续增长，造成人工热排放量不断升高，这一现象在城市中心城区内尤为明显。由于建筑物数量及密度的增加，城市皱折度增大，城市表面积增长，更多的太阳光短波辐射被城市表面吸收，建筑物之间、建筑物与地面之间、建筑物与天空之间的多次长波及短波反射加剧，造成城市内特别是中心城区白天得热量及蓄热量的增加，在夜晚，由于建筑物的阻碍降低了城市内通风散热量，形成多余热量的积累，城市内特别是中心城区气温升高，进而导致城市热环境及热舒适性的恶化、城市热岛现象日趋严重。

城市内自然水体面积的减少也可能带来城市气候的改变，特别是在天气炎热的夏季，水体面积的减少必然带来城市内湿度的改变。下垫面属性的变化更是带来诸如入射、反射率及吸收率的改变，这些改变都将对城市内能量得失平衡造成影响，因此造成武汉市城市气候的改变。

通过分析整理武汉市近几十年的气象数据，可以发现城市气候的确发生了不容忽视的改变。武汉市地处亚热带，冬季受西伯利亚冬季风的影响，寒冷潮湿；夏季受热带海洋季风的影响，日光辐射强烈、持续高温多雨；春秋两季则为冬夏季风交替的时期，雨量充沛且季节性降雨相对集中。总体表现出夏季湿热、冬季阴冷的气候特征。夏季极端最高气温高达 40 ℃以上；冬季湿冷的情况也比较严重，1 月份气温比同纬度其他地区一般要低 8～10 ℃。武汉市属内陆型亚热带湿润季风气候，城市气候效应显著，素有“火炉”之称。图 1-3 中给出了武汉市 1951 年至 2009 年年平均、平均最低、平均最高气温值。从图中不难发现武汉市年平均、平均最低及平均最高气温存在 2～3 ℃的增幅。该组数据说明随着城市化的发展，城市热环境有明显的改变。

随着城市化的发展，城市气候问题受到各个国家、阶层、领域的关注。这是因为城市热环境影响着城市居民的热舒适性，且全球气候变暖正威胁

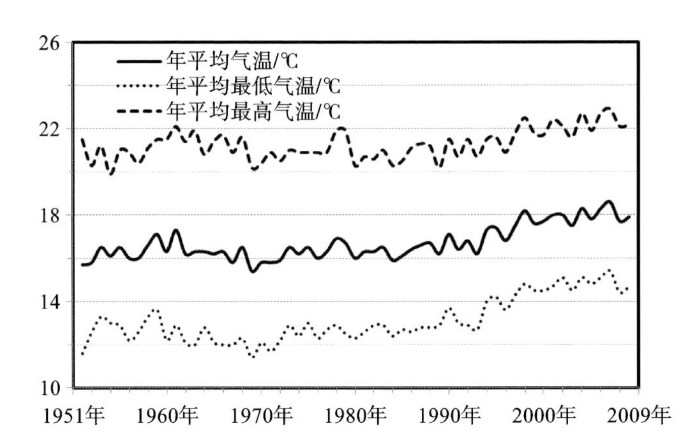

图 1-3　武汉市 1951 年至 2009 年年平均、平均最低、平均最高气温

（武汉市气象局提供）

着整个人类的发展。城市热岛现象的日趋严重，局部性暴雨、干旱、持续高温等极端天气频发都提醒着我们，保护并改善城市气候刻不容缓。近年来，已经有越来越多的研究团队从各个方面入手，试图提出可行的环境保护及改善措施。以计算机数值模拟技术为基础的研究手法是现今先进、高效的研究模式。将计算机数值模拟技术引入城市气候研究，可以达到对城市气候问题定量化评估的目的。利用计算机数值模拟技术不仅能对现有的城市气候问题进行准确评估，发现主要矛盾，还可以预测中心城区气候的变化趋势，定量化地评价改善方案的可行性及改善效率。从城市规划角度出发，利用基于 WRF 的城市冠层模型，针对城市中心城区环境因素（容积率、建筑密度及城市内水体面积的减少）对气候因素的影响进行研究，这一研究结果将为城市规划策略的提出提供参考数据，并作为定量化的参考资料为城市规划提供技术支持。

本书以长江中下游城市武汉为研究案例，针对武汉市区中心城区用地需求日益增加这一现状，结合武汉市年平均气温逐年升高，城市热岛现象逐年增强这一事实展开讨论。以 2020 年武汉市总体规划为基础，从容积率、建筑密度、大型水体面积变化等 3 个与城市用地开发强度及发展模式相关的视角出发，探讨不同的城市开发强度与发展模式下城市中心区气候的变化趋势。本书旨在通过计算机数值模拟技术，研究提高城市中心区用地效率的

开发强度控制指标与城市中心区气候变化趋势之间的关系，试图通过归纳总结得到使城市热环境及环境热舒适性友好型的方式，满足城市中心城区用地需求发展的城市布局、规划策略，为城市规划提供科学依据与决策支持。

另外，本书还对武汉近几十年存在的填湖问题所可能带来的城市气候影响进行了模拟研究，通过模拟1965年至2008年武汉市内中心城区水体情况的改变，分析研究水体面积变化对武汉市气候环境的影响。

本书利用基于中尺度气象模型WRF的城市冠层模型，以武汉中心城区气候为研究对象，并根据武汉市2006年至2020年城市总体规划，通过对城市中心城区容积率、建筑密度、城市中心区内水体面积变化的研究，设置了3类共18组案例，计算并分析比较各组案例条件下中心城区的平均及局部气温、相对湿度、风速、长短波辐射量、显热及潜热得失量、城市热岛强度值，全面、系统化地评价武汉中心城区由于环境因素的改变所引起的气候变化。本书试图定量化地归纳得到城市环境因素（容积率、建筑密度及城市中心区内水体的面积变化）对气候因素（气温、风速、湿度、长波、短波辐射量、显热及潜热收支）的影响强弱程度，最后通过对现有数据的处理分析，结合模拟技术预测武汉市未来几十年由于城市发展可能导致的城市气候变化，以此方式对基于城市环境气候舒适性的城市规划设计提供数据依据及技术支持。

进入20世纪80年代以来，热岛效应的加剧导致城市日趋炎热。一方面，主城区的高密度建设强化了城市下垫面蓄热程度；另一方面，城市连绵蔓延使城市热岛范围逐渐扩大。目前，汉口有四个强热岛中心：一是从武胜路到三阳路的区域，基本分布在人口稠密区；二是堤角工业区，从黄浦路沿工农兵路到新村街；三是从新华路到建设大道一带，呈椭圆形区域；四是易家墩工业区。青山区有两个热岛中心，一是武钢厂区，二是武钢生活区。武昌的热岛中心主要位于武昌老城区。根据《武汉城市中心区至边缘区夏季热环境实测与温度变化研究》中2011年8月13日及8月15日两天的实测数据显示，武汉市区早、中、晚都存在明显的热岛现象。清晨温差较小，在1～2 ℃；中午，由于城市中心区与市郊下垫面的蓄热和散热性能不同，以及人为因素，使得温差有些许增加，在 2～3 ℃；晚上，由于土壤、植被的散热性好，城市中心的热岛现象表现得最为明显，温差达到了 4 ℃，且时间越晚，现象越明显。

武汉市近几十年的升温同城市建筑的高密度、高容积率化的发展模式以及城市下垫面水体面积的减少是否存在直接关系？这些因素对城市气候变暖及环境改变各具有多大的影响？对于这些疑问的解答有助于引导城市向提高城市环境舒适性的方向发展。因此，以城市发展中存在的区域热环境为导向的城市中心区发展对区域气候影响研究，已经成为城市规划和其他相关领域迫切需要研究的课题。

本书拟通过计算机数值模拟技术，研究提高城市中心区用地效率的开发强度控制指标与城市中心区气候变化趋势之间的关系，试图通过归纳总结得到使城市热环境及环境热舒适性友好型的方式，满足城市中心城区用地需求发展的城市布局、规划策略，为城市规划提供科学依据与决策支持。

第二章　城市气候温暖化相关研究概要

本书以城市化进程下不同发展模式（高密度化/高层化）对城市气候的影响作为核心研究对象，以近几年广受热议的城市温暖化及城市热岛现象为讨论对象。本章将介绍国内外与城市气候相关的研究，明确城市气候的主要研究对象及目前为止的各类研究方法，并展开介绍城市温暖化及城市热岛现象这两个主要议题。本章还总结归纳了城市温暖化及城市热岛现象的成因、缓解策略等。

第一节　城市气候研究概要

一、城市气候研究的对象及特点

当前的城市气候是在区域气候的背景上，经过城市化后，在城市的特殊下垫面和城市人类活动的影响下（主要是无意识的）而形成的一种局地气候。

城市化地区具有三个特点：①非农业人口高密度聚居；②高强度经济活动区；③特殊性质下垫面。其中，高密度人口及高强度经济活动会带来大量的能源消耗，有害气体和颗粒状污染物排放等问题。当污染物排放量超过空气的自净能力时，就会造成城市大气污染，并由于提供给大气大量的供云、雾、雨水形成的凝结核，改变城市空气的透明度及能见度，从而改变城市辐射的热量，特别是温室气体的排放致使城市温室效应比郊区明显许多。大量的能源消耗将带来大量的“废热”排放，造成城市比郊区增加了许多额外热量。另外，《城市气候学》一书中还指出化石燃料燃烧过程中还有“人为水汽”的排放，这些又使得城市的能量平衡和水分平衡与郊区不同。而对于城市气候影响最大的还应属其特殊性质的下垫面。城市用地就其功能与性质可分成工业用地、商业用地、生活居住用地、对外交通用地、仓库用地、学校用地、园林绿化用地、公共建筑用地、特殊用地、公共事业用地、水面及其他用地(如墓地、垃圾场)等。而根据用地属性的不同,下垫面的性质也不尽相同。下垫面之所以能在很大程度上影响城市局地气候,主要缘于它与空气之间存在着复杂的物质交换和能量交换,并且作为影响下层空气运动的变截面。

将城市下垫面和自然下垫面进行比较。由于高低错落的建筑群的存在,城市下垫面更为立体,材质也多为砖、沥青及水泥等人工材料,这些属性将很大程度上改变下垫面对太阳辐射的反射率及地面长波净辐射率,另外其导热率、热容量、热导强度都比自然下垫面大,蓄热能力也较强。然而因为城市下垫面植被面积相对较小,多为不透水材质,水分的储蓄量比自然下垫面低,从而导致蒸发量较小。因此,城市区域能量平衡和水分平衡与自然下垫面覆盖区会有较为明显的差别。由此可见,城市下垫面的改变对空气的温度、湿度、风速、风向等都会产生较大的影响,致使城市局地气候不同于郊区及自然下垫面覆盖区域。因而对于城市气候的研究也有别于一般性气候研究。图 2-1 直观化地给出城市化对城市能量平衡和水分平衡的影响。

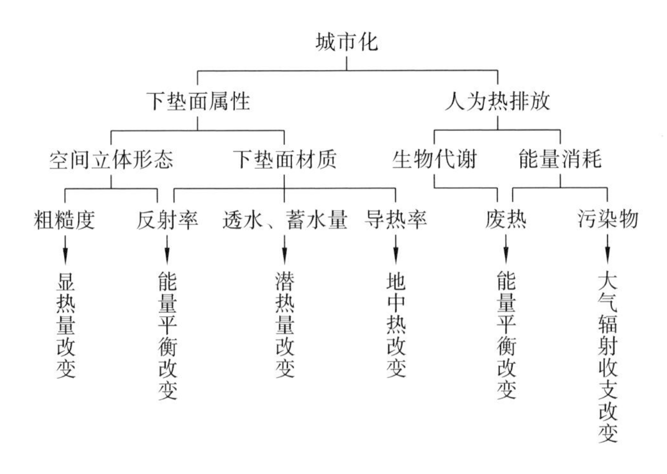

图 2-1　城市化对城市能量平衡和水分平衡的影响(自绘)

《空气污染——物理和化学基础》一书中引用了 Oke 的意见,对这种局地气候所涉及的范围进行界定。如图 2-2 所示,城市范围包括城市边界层

(urban boundary layer,UBL)、城市尾羽层(urban plume)及城市覆盖层(urban canopy layer,UCL),本书城市覆盖层的译名为城市冠层,此译名源自对植被冠层(vegetation canopy layer,VCL)的翻译。

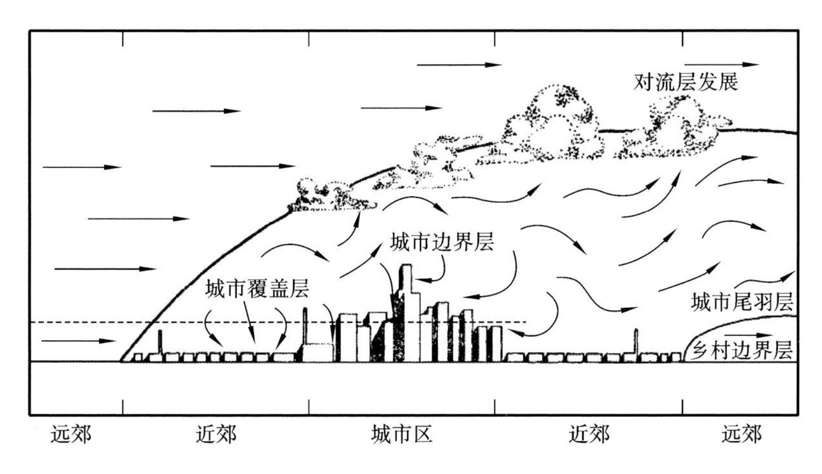

图 2-2　城市分层图(截自《空气污染——物理和化学基础》一书)

根据 Oke 的说法,城市冠层范围界定为城市建筑屋顶以下至地面层区域,此层受人类活动的影响最大。它与建筑物密度、高度、几何形状、门窗朝向、外表面涂料颜色、街道宽度和走向、路面铺砌材料、不透水面积、绿化面积、建筑材料、空气中污染物浓度以及"人为热"和"人为水汽"的排放量等关系甚大,属于"小尺度"气候。由建筑物屋顶向上到积云中部的高度层被称为城市边界层,受城市大气质量(污染物性质及其浓度)和参差不齐屋顶的热力和动力影响,湍流混合作用显著,与城市冠层间存在着物质交换和能量交换,并受四周环境(区域气候因子)的影响,属于"中尺度"气候。在城市的下风方向还有一个城市尾羽层。这一层中的气流、污染物、云、雾、降水和气温等方面都受到城市的影响。城市气候研究的对象就是包括这三层在内的局地气候。

二、城市气候研究的方法、技术

城市气候研究主要分为实测气象观测、模拟实验法及计算机数值模拟三个方面,系统化的城市气象研究始于 19 世纪初。Luke Howard 通过对大量观测数据的整理总结,记录出版了《伦敦气候》一书,并通过对伦敦市区及市郊 10 年间(1807—1816 年)的气温整理,观测到市区各月平均气温均高于郊区这一现象,对现象进行数据分析后得出,城乡温差最大出现在 11 月(温差达 1.2 ℃),5 月最小(温差达 0.27 ℃)。另外,他还发现夜晚温差比白天大,夜晚最大温差可达 2 ℃。这一观测研究让人们开始认识并关注城市热岛现象。此后,E. Renon 及 Wittwer 先后对法国巴黎和德国慕尼黑的城市气温进行观测记录,初期的城市气候研究主要观测对象局限于城市气温,而后渐渐有研究者开始对城市雾及降水问题进行了观测记录,并且观测研究的方法也由最初的定点观测发展为利用汽车装备气象观测仪器进行的流动观测。而后随着气象卫星技术的发展,气象卫星资料和遥感手段作为特殊的观测手段应用于城市气象研究中。实地测量、观测的研究方法因其数据的真实性一直沿用至今,然而实测观测研究由于其基站的设置所耗人力、财力较大,数量上有一定限制,从而有可能导致观测不全面,出现采样时间单一的问题,同时在预测上,实测观测研究也有其局限性。为了确知城市化对气候的影响,还会采用模拟实验的方法,就是将城市实况按比例做成模型,利用风洞实验测知城市周边气流变化情况。Cermak 曾利用此方法研究城市风场中污染物的散布情况。南京大学的蒋维楣、马福建团队也利用风洞实验的方法模拟上海延安东路一带的废气排放情况。而后随着计算机技术的飞速发展,通过建立以动力学及热力学为基础的城市边界层模型模拟真实情况,从而对城市气候进行研究。模拟技术依据其模拟对象的范围分为大尺度(macroscale)、中尺度(mesoscale)及小尺度(microscale)三类,主要关注的对象及建立的数学、物理模型也不尽相同,如图 2-3、图 2-4 所示。

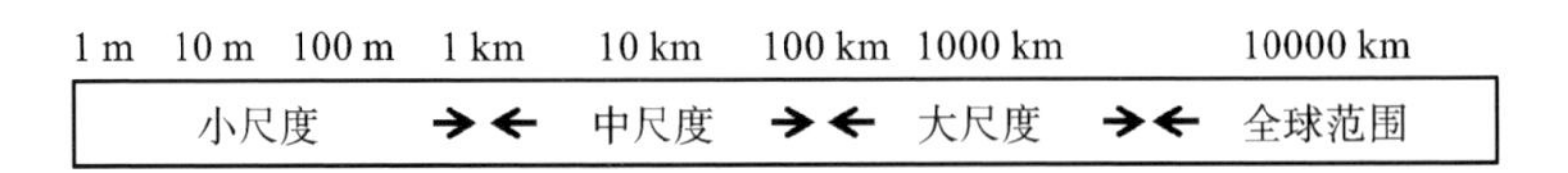

图 2-3 模拟尺度水平区分(自绘)

由于城市气候的形成原因不是孤立的,它本身的尺度虽是局地性的,但任何局地情况都受大尺度天气形式的影响。局地因素和天气尺度因素同时存在,其各自所起作用的强弱是此消彼长的。故而三类尺度模型对城市气

1month 1day 1hour 1minute 1second

general circulation
Rossby wave
10000 km
baroclinic wave
2000 km
fronts
tropical cyclones
200 km
orographic effects
land-sea breeze
cloud cluster
20 km
thunder storms
lee-wave
2 km
urban heat island
tornado
200 m
convection
thermal plumes
20 m
turbulence

Macroscale: α, β
Mesoscale: α, β, γ
Microscale: α, β, γ

Macroscale Mesoscale Microscale

图 2-4　城市气候相关研究各种尺度定义(截自川本阳一的博士论文)

候的研究都有着至关重要的作用。如图 2-4 所示,基于气象学原理的中尺度气象模型主要用于解决诸如地形、地貌对气候影响,海陆风、豪雨等气候问题。在此基础上使用小尺度气象模型可以解决诸如城市热岛现象、空气对流、暴风、乱流等问题。

对于城市气候的数值模拟研究,被广为使用的是中尺度气象模型。表 2-1 罗列了几种使用较广泛的中尺度气象模型。世界各地的气象研究机构开发出了各自的相对独立的气象模型,这些模型之间缺少互换性,对科研及业务上的交流极其不便。

表 2-1 几种使用较广泛的中尺度气象模型

模型名称	开发单位
A2C	YSA 合作社
ANEMOS	日本气象组织
COAMPS	Naval 研究室
Eta	NOAA/NCEP
FITNAH	汉诺威大学(德国)
LOCALS	ITOCHU 技术方案合作社(日本)
MEMO	亚里士多德大学(希腊)
MERCURE	CEREA(法国)
METRAS	汉堡大学(德国)
WRF/MM5	NCAR/宾夕法尼亚州立大学
NHM	日本气象研究中心
OMEGA	国际应用科学合作社
RAMS	科罗拉多州立大学

从 20 世纪 90 年代后半期开始,美国对这种混乱的状况进行了反省。最后由美国环境预测中心(NCEP)、美国国家大气研究中心(NCAR)等美国科研机构为中心,开始着手开发一种统一的气象模型。终于在 2000 年开发出了 WRF(weather research & forecasting)模型。WRF 模型为完全可压缩以及非静力模式,采用 F90 语言编写。水平方向采用 Arakawa C(荒川 C)网格点,垂直方向则采用地形跟随质量坐标。在时间积分方面采用三阶或者四阶的 Runge-Kutta 算法。WRF 模型不仅可以用于真实天气的个案模拟,也可以用其包含的模块组作为基本物理过程探讨的理论根据。

三、城市气候研究现阶段主要研究课题及亟待解决的问题

随着城市化的发展,城市人口密度急剧增加,带来人工废热排放量增加,污染物排放量超过地球自净能力,自然水体面积萎缩,不漏水下垫面致使水分得失改变等问题。最终导致城市市区温度积累,城市变暖,从而导致

全球变暖。另外，由于市区温度积累量的升高，导致城乡温差加大，城市热岛、雨岛问题严重。城市温暖化造成人们对空调等降温方式的依赖性更强，空调设备的使用不仅致使能源消耗量变大，还会产生温室气体，从而进一步导致城市升温，形成恶性循环。越来越多的城市气候研究开始关注城市温暖化、城市热岛问题，并希望能找到一些策略帮助城市“降温”，并有效地遏制这种恶性循环。

国内外有许多关于城市温暖化、城市热岛现象的研究。Trusilova 等通过案例研究发现城市用地性质会造成近地面温度及降雨量的改变，并进一步指出城市化带来的下垫面改变及用地性质改变会导致夏季昼夜温差下降 1.2 ℃左右，冬季昼夜温差也有超过 0.7 ℃的下降。说明昼夜温差的降低也是城市化及城市热岛现象的表现之一。Miao 等也通过对北京城市气候的模拟得到类似的结论。Ichinose 等通过模拟研究发现，东京市区城市热岛现象之所以严重，主要是由于东京潜热排放量过大。

关于城市温暖化以及热岛的问题将在本章第二节及第三节中展开说明，在这两小节中，除了阐述现象之外，还将总结提出过往研究得到的关于这些现象、问题的缓解策略及研究现状。

第二节　城市温暖化

人口的增长带来诸如能源消耗量的增加，使城市热容量增大，这些问题致使城市气温逐年攀升。下面将给出导致城市温暖化的四个因素。

第一，工厂、家庭及商业活动产生的余热直接导致城市温度上升。

由于城市人口的增加，造成生活、生产中产生大量热量排放到大气中。特别是工厂、家庭及办公建筑在使用空调设备时排放的热量将对城市地区温度升高造成很大的影响。另外，在工厂生产过程中，机器运作时产生的巨大热量，家庭及商业活动产生的热量等都是不可忽视的一部分。而上述这些活动又都是城市高效经济生活不可缺少的部分。

第二，温室气体排放量增加导致温室效应，改变辐射收支量从而造成城市温暖化，这一点在夜晚的影响最大。

太阳短波辐射通过大气层到达地球表面，致使地表升温。地面吸热升温之后对大气放射红外线。大气中含有的水蒸气和二氧化碳能够吸收红外线,但对太阳发射出的可见光没有阻挡作用。水蒸气和二氧化碳阻挡了地面通过向大气发射红外线起到的降温作用,这一过程被称为温室效应。自然界中水蒸气和二氧化碳原本处于一种健康良好的动态平衡,然而由于人类集中化的城市活动及对化石燃料的依赖,造成水蒸气和二氧化碳急剧增加,增长速度超出地球自净速度,最后导致温室效应加剧,城市温暖化严重。

第三,城市内建筑物的增加造成更强烈的乱流,致使热交换加剧,特别是高低错落的建筑群增加了城市边界层上、下的空气交换,上层高温空气下沉导致城市温暖化。

第四,城市下垫面多为砖、沥青及水泥等人工材料,其导热率、热容量、热导强度都比自然下垫面大,蓄热能力也较强,导致城市温暖化。

这些材料的使用是造成城市昼夜温差缩小的原因。自然下垫面因其导热率、热容量、热导强度较小,白天高温辐射情况下,升温快速、明显,夜晚放射冷却现象同样明显。而城市下垫面因其导热率、热容量、热导强度较大,白天高温辐射情况下升温不明显,大量热量被蓄积并在夜晚温度较低时放射出来。这也是夜晚城乡温差更大的原因。

图 2-5 直观地表现出上述四个因素对城市温暖化的影响。

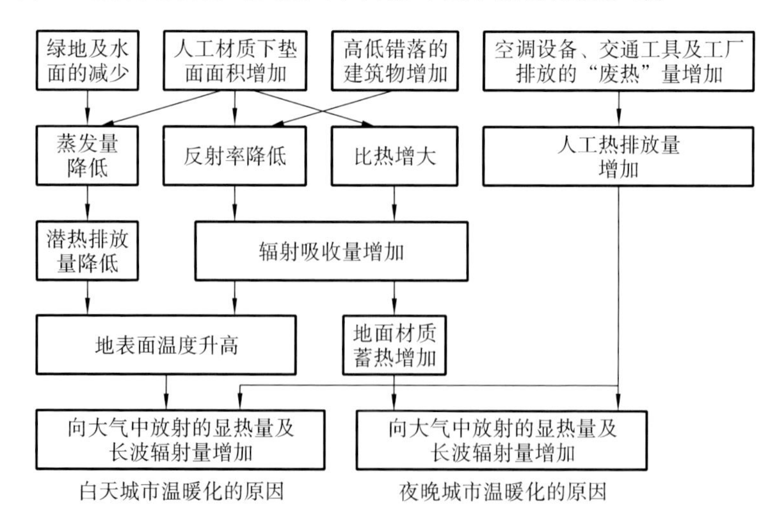

图 2-5 城市温暖化(翻译自日本环境省报告,作者绘)

第三节　城市热岛现象

一、城市热岛现象的定义

在本章第一节曾介绍过系统化的城市气象研究始于19世纪初，Luke Howard通过对大量观测数据的整理总结，记录出版了《伦敦气候》一书，并通过对伦敦市区及市郊10年间(1807—1816年)的气温整理，观测到市区各月平均气温均高于郊区这一现象。自此之后，各国研究者针对不同经纬度、规模及类型城市同一时间的城乡气温进行对比，并都发现了城市气温普遍高于郊区气温这一现象。这一现象又称为城市热岛现象。通过对非洲肯尼亚的观测研究，Nakamura得到肯尼亚的城区气温比郊外区域高1.5～4 ℃的结果。Sham通过对比吉隆坡中心商业区与市郊区域气温，发现中心商业区城市热岛强度可达5 ℃。周淑贞对我国上海市冬季及夏季市区和效区气温进行了比较，发现冬季市区温度普遍比郊区高6.8 ℃左右；在夏季，市区高出郊区4.8 ℃左右。英国气象研究者发现伦敦城市热岛强度在6.7 ℃左右，而加拿大气象研究者发现临海城市温哥华夏季晴夜市区气温高出市郊气温11 ℃左右。由此可看出，城市热岛是城市气候中普遍存在的典型特征之一。

城市热岛现象的强弱可以通过城市热岛强度定量化地给出。目前，城市热岛强度的计算方法主要有三种：①利用城市热岛中心气温(高峰值)减去同时间、同高度的郊区气温，所得到的气温差就是该城市当时的城市热岛强度；②利用城区各站点气温平均值与同时间、同高度的郊区各站点气温平均值之差作为该城市的城市热岛强度；③由于许多中小型城市站点数目有限，故也可以选取个别代表城、郊站点的气温差作为该城市的城市热岛强度值。

根据历年来世界各地城市热岛强度的研究结果显示，城市热岛强度有一定的日变化规律。城市热岛强度普遍有白天弱、夜晚强的规律，例如在正午，城、郊气温差通常最小。在午后，由于郊区更为空旷，致使大气失热快，降温率较大，特别在日落前后，由于空气层结稳定，导致降温率更大。但是与此同时，城市市区内由于其高蓄热量，地面长波辐射及湍流显热提供给大气很多的热量，城市气温在这个时间段下降缓慢，从而导致日落前后城市热岛强度值有上升的趋势。

除了归纳总结出城市热岛强度的变化规律外，很多城市气象研究者试图定量化地给出城市热岛强度公式，找到影响城市热岛强度的因素。Sundborg 通过对瑞典乌布萨拉市 200 多次数据的对比分析，应用回归方程得到以下公式(2.1)和式(2.2)，分别适用于白天和夜晚。

$$\Delta T_{u-r}=1.4-0.01N-0.09u-0.01T-0.04e \tag{2.1}$$

$$\Delta T_{u-r}=2.8-0.10N-0.38u-0.02T+0.03e \tag{2.2}$$

其中，N 为总云量(%)；

u 为风速(m/s)；

T 为气温(℃)；

e 为水汽压(hPa)。

河村武通过对日本熊谷市的城、郊气温进行比较后，通过数据处理分析得到式(2.3)。

$$\Delta T_{u-r}=4.21-0.08N_{21}-0.12N_{\text{day}}-0.52u-0.04T-0.01e \tag{2.3}$$

其中，N_{21} 为 21 时云量(%)；

N_{day} 为白天总云量(%)；

u 为风速(m/s)；

T 为气温(℃)；

e 为水汽压(hPa)。

我国城市气象研究者周淑贞教授通过对上海及龙华区有代表性的 154 天每日 20 时数据进行处理分析，得到上海地区 20 时热岛强度公式，如式(2.4)所示。

$$\Delta T_{u-r,20}=1.201+0.048-0.146\overline{u}_{\text{day}}-0.080u_{20}-0.022N_{20} \tag{2.4}$$

其中，N_{20} 为 20 时云量(%)；

$\overline{u}_{\text{day}}$ 为日平均风速(m/s)；

u_{20} 为 20 时风速(m/s)。

综上所述，各城市热岛强度公式虽不相同，但城市热岛强度的大小基本都是同风速、云量、区域气温呈负关系，同水汽压有微弱正关系。除此之外，很多研究也表明风速及风向会导致城市热岛中心位置的移动，并且当风速达到一定临界值时，城市热岛将不复存在。另外城市热岛强度还与近地面的气温直减率(℃/hPa)呈负关系，当气温直减率越大时，空气层结构就越不稳定，而城市热岛强度越小。

二、城市热岛现象的影响

城市热岛现象会对城市相关气候要素产生影响，从而影响居民生活和城市经济发展。这些影响中首当其冲的便是直接导致夏季高温日的增加。由于城市热岛导致城市区域升温，造成夏季中暑患者增加，空调设备能耗量增加。然而另一方面，城市温暖化也会使冬季的城市相较于市郊更为暖和，降低冬季采暖能耗量，据统计，城市区域在冬季霜冻日数量上低于郊区，无霜期也更长。

由于城市热岛效应的影响，使得空气层结不稳定，有利于产生热力对流。热岛的存在从能量角度看为高能区域，当城市中水汽充足、凝结核丰富或者在有利于对流性天气发生、发展的天气系统的制约下，容易形成对流云和对流性降水，或者对暴雨产生“诱导增幅”作用。如果有其他系统叠加在城市热岛上空，亦可能产生大暴雨。另外，由于城市热岛效应，城市边界层高度发生空间变化，使混合层顶升高，最高点出现在城市下风方向并在适当的条件下触发对流活动和降水。

由于城市热岛效应的影响，城市中心区会产生一股强烈的上升气流。上升的暖湿气流遇到上层干冷空气，受到其影响后向周边郊外方向下沉。下降的冷空气又被郊外高温空气推动，向城市中心区聚拢。至此，城市环流产生。也正因为这种在城市空气上方存在的气流不断循环，造成污染物质在城市区域的滞留。图 2-6 显示的是城市大气尘盖的示意图，这种城市环流在冬季静风条件下更易产生。

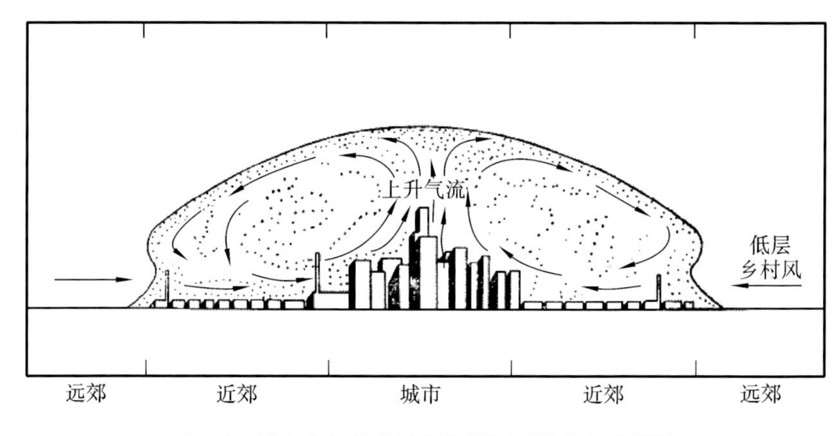

图 2-6　城市大气尘盖示意图(截自《城市气候学》)

三、城市热岛效应的缓解策略

城市热岛效应对于居民生活和城市经济发展具有一定的影响，多年来，世界各地的城市气象研究者都在试图探索发现各种缓解城市热岛效应的策略，在本节中总结为如下五点。

第一，可以通过城市绿化的方式缓解城市热岛效应。屋顶、墙壁及街边的绿化可以增加城市潜热排放量，帮助城市降温。城市内植入绿化树木也可以起到遮阴避暑的作用，抑制太阳短波辐射直射地面造成的热量蓄积和升温，地表面温度下降可以很有效地降低地表面向大气排放的显热量，同时也可抑制地面对大气的长波辐射量，起到遏止城市升温的作用，大大缓解城市热岛效应。

第二，由于近些年人们对于生活品质及舒适性的需求，空调设备被广泛使用，造成机器运行及空调排放的废热量增多，由此导致大气负荷增加。所以在建筑设计上，应该注意避免建筑物吸收过多的热量，同时能尽量减少建筑内的能量消耗。为了避免建筑物吸收过多的热量，可以使用隔热性能更好的建材，控制透过窗户进入室内的直射日光，尽量减少室内机器设备的发热量，屋面材料尽量使用低日射吸收量的高反射材料。另外，为了减少高温夜(夜晚气温高于 28 ℃)的天数，尽量使用热容量低、热传导快、高反射的建

筑材料。

第三,空调设备使用的控制。空调设备可以将建筑内部多余的热量排出,保持室内温度的恒定和舒适。然而空调并没有将多余的热量消灭,而是直接排入大气,因此空调设备并不能改变城市内的总热量,相反由于空调设备运转产生的废热进一步加剧了城市热岛效应。另外,空调设备的使用会通过潜热的方式造成城市区域湿度的上升,虽然潜热排放量不会直接造成城市的升温,但是由于湿度的上升,使城市处于一种高温湿热的状态,大大降低了城市环境的舒适性。

第四,控制交通废气、废热排放。除了建筑物排放的废热是触发城市热岛效应的人为直接因素以外,城市内交通排热也是一个不可忽视的方面。而对于交通的控制应该以积极地完善公共交通,方便城市居民为前提,这种做法同时也可以治理城市交通拥堵现象。

第五,通过合理的街区布局组织通风,通过排气换热缓解城市热岛效应。利用合理的城市布局组织风向,打破城市上空的大气稳定度,加速换热、排热,这是比较切实可行的城市热岛效应缓解措施。在不改变容积率的情况下,高层化及高密度化的城市布局哪一类更有助于城市内通风,抑制城市热岛效应是现在城市气候研究领域比较热门的研究课题。本书也以此为出发点探讨适合于武汉地区的城市布局方式。

为了更直观地展示这些缓解措施的作用机理,将以上所述城市热岛效应缓解策略总结归纳于图 2-7 及图 2-8 中。

四、城市热岛效应中外研究现状

1833 年,英国气候学家 Lake Howard 通过对伦敦市中心及郊区区域的气温观测,总结出了“热岛效应”这种气候特征。Duckworth 和 Sandberg 在 San Francisco 的大公园与市中心之间观测到 10 ℃的温差。城市热岛的产生原因各不相同。大部分城市在夏季出现最明显的城市热岛,而不是在冬季。分析影响城市热岛的气象条件,发现风速是影响城市热岛的主要因素,风速越大,城市与郊区的温差越小,城市热岛的强度与城市的大小正相关。Rao 首先利用热红外遥感来研究城市热岛,他利用 ITOS-1 热红外数据研究

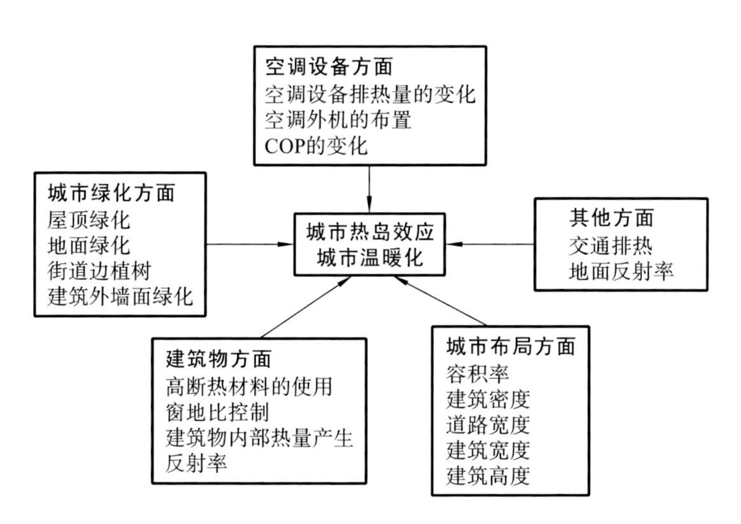

图 2-7　影响城市热岛效应的因素(自绘)

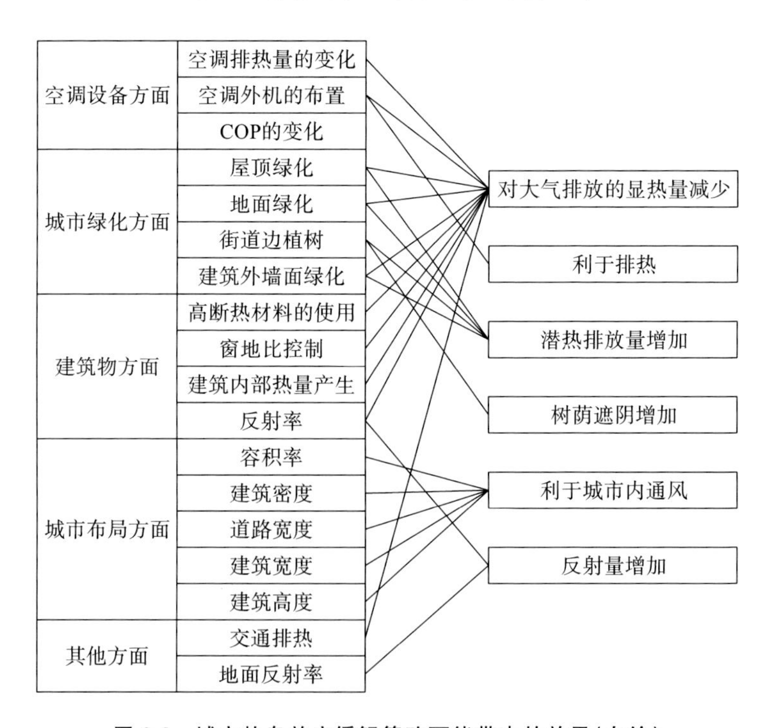

图 2-8　城市热岛效应缓解策略可能带来的效果(自绘)

美国大西洋中部沿海城市地表温度分布模式。Carlson 利用 AVHRR 热红外白天和夜间的数据研究了 Los Angeles 地区地表温度分布模式，城市工业区和商业区日夜温差大于植被覆盖度高的郊区。Price 利用 HCMM(heat capacity mapping mission)数据估算了美国西北部城市热岛效应的范围和强度。Byrne 发现气候相似区域的平均最小气温与 HCMM 估算出的夜间地表温度线性相关。Kidder&Wu 利用 AVHRR 研究了 St. Louis 地区的雪分布模式。Balling & Brazel 利用 AVHRR 热红外数据研究了美国 Phoenix 地区的地表辐射温度，发现地表温度与土地覆盖类型相关，重工业区的地表温度比空地地表温度高 5 ℃。Carnahan & Larson 利用 TM 热红外数据发现印第安纳波利斯城市地表温度比周围的乡村地表温度低。Roth 利用 AVHRR 热红外数据评估了美国西海岸几个城市的城市热岛强度，并发现白天地表温度与土地利用类型相关，工业区地表温度高于植被覆盖地区，而夜间城市与郊区的地表温度差异小。利用热红外遥感观测到的西班牙 Valencia 夜间地表温度分布模式与汽车观测到的气温剖面相似。Gallo 利用卫星数据计算了美国西雅图地区夏季植被指数和地表辐射温度，并与最小气温做了对比，发现 NDVI 与地表温度呈反比关系，尽管 NDVI 与地表辐射温度都与最小气温显著相关，但 NDVI 与最小气温相关性更好。Gallo 进一步对比了 37 个城市及其周围乡村地区的 NDVI、地表辐射温度和最小气温，发现 NDVI 与观测到的城乡温度差异线性相关，地表辐射温度与城乡温差相关性略小些。NDVI 反映了城乡地表性质的差异(蒸发量和热容量)，地表性质差异导致了城乡间最小气温的不同。但在冬季，NDVI 并不能很好地反映地表性质，因为冬季植被叶子不一定是绿色的，而且光合作用弱。Owen 利用植被覆盖度和地表水气有效率(SMA)来研究城市化作用，并提出了土地覆盖指数(land cover index)的概念，这个指数考虑到了周围像元的影响，能更好地刻画城市地表。

我国针对城市环境气象方面的研究始于 20 世纪 70 年代初期。这段时期的研究主要集中在城市气候的问题上，涉及的城市也多限于北京、上海等一线大城市。20 世纪 90 年代以后，随着国民经济的高速发展，城市化进程加快，城市环境恶化现象明显，致使相关领域的研究也面临着全新的挑战和发展机遇。目前城市环境气象研究的重点为城市热岛(UHI)及下垫面对城市环境的影响问题。城市热岛的概念是 Manley 于 1958 年首次提出的。但早在 1833 年,英国气候学家 Lake Howard 就已经通过对伦敦市中心及郊区区域的气温观测总结出了"热岛效应"这种气候特征。尽管我国对城市热岛问题的研究起步相对较晚,但仍有以华东师范大学周淑贞等为代表的气象学研究者经过多年研究,提出除城市热岛外,城市湿岛、干岛、雨岛和混浊岛均十分明显的概念。何萍等发现楚雄市的 UHI 渐趋显著,呈现明显的季节性,林学椿等利用气象资料研究发现了北京热岛强度的季节变化。根据中国过去 50 年的年平均气温数据研究认为,UHI 效应对年平均温度的影响主要包括 3 个方面,即年平均温度值升高、年际间温度差异下降和气候趋势的改变。全国热岛的平均强度不到 0.06 ℃,与全球的 0.05 ℃接近。也有研究认为,从 20 世纪 70 年代到 90 年代的 20 年里,热岛强度以每 10 年 0.1 ℃的速度上升,而珠江三角洲都市群热岛强度由 1983 年前的 0.1 ℃上升到 1993 年的 0.5 ℃。还有人估计城市化和土地利用性质的改变会使热岛强度以每个世纪 0.27 ℃的增加幅度上升。全国主要城市的热岛区域面积也随时间持续增加,如上海 UHI 区域面积由 20 世纪 80 年代的 100 km^2 上升到 90 年代的 800 km^2。早期研究中多利用气象资料来研究 UHI 的状况和动态,张景哲等和吕文翰应用此法分别研究了北京市和西安市夏季 UHI 的表现和中心位置、热岛强度的日变化等。现在研究城市热岛多利用气象资料、卫星遥感资料和数值模拟方法来探讨城市热岛的时空分布规律和形成原因。卫星遥感技术是现如今国内研究中最常用的城市热岛研究方法。关于 UHI 的遥感研究方法,胡华浪等将其概括为基于植被指数、基于热力景观和基于温度等 3 种方法。实际应用中,目前以基于温度的方法使用最多。最新的城市热岛效应研究方法是通过计算机数值模拟技术建立数学模型展开的研究。近几年,国内具有代表性的研究包括桑建国给出了 UHI 的分析解;边海等进行了天津市夜间热岛的数值模拟;李小风给出了热岛效应强迫下的中尺度环流的动力特征及极限风速的一种解析表达;孙旭东等进行了西安市城市边界层热岛的数值模拟;陈二平等对太原市地形动力作用形成的温度场进行模拟计算并分析了 UHI 的成因;杨玉华等进行了北京城市边界层

热岛的日变化周期模拟；江学顶等利用中尺度模式 MM5 模拟广州地区的UHI，其结果与同期遥感反演的结果基本一致。

下垫面对城市环境的影响，城市土地利用的规模、方式、程度的改变，导致城市热岛、大气污染、住房与就业等环境与社会问题及其管理和决策问题不断显现出来。国内外学者对城市热岛及其治理和预防进行了有效的探讨。杨英宝等从城市热岛的空间分布与土地利用类型、植被覆盖关系、人为热关系以及城市热岛效应演变方面对热红外遥感在城市热岛研究中的应用进行了分析；江学顶等以经济发展迅速的珠江三角洲地区城市群为研究对象，借鉴景观生态学分析方法，以数值模拟与遥感反演方式对热环境空间格局进行分析，揭示热岛的形成机制、影响因子及其空间格局变化规律；苏伟忠等采用 Landsat ETM 及热红外波段反演地表温度 LST，分析南京市热场分布规律，构建了土地覆被指数 LCI 定量表示热场分布特征与土地利用/覆被的关系；周红妹等、丁金才等、陈云浩等从城市的人口密度、建成区面积、人为热、大气污染、地形等方面研究了城市热岛的范围和强度与这些因素之间的关系；张一平等利用 Landsat TM 数据从空间上定性分析了城市面积扩大和温度分布的对应关系等。总之，对城市热岛效应的研究多限于上海、北京等城市，且关于城市土地利用变化影响城市热岛效应的定量化研究很少。

第三章　基于城市冠层模型的中尺度气象模拟方法

本章将介绍城市主城区气候影响研究所使用的主要研究方法，即中尺度气象模型 WRF 以及城市冠层模型。将基于实测数据对所使用的模拟工具进行精度验证，并给出本书中模拟案例的计算设定边界条件、案例设定条件及武汉市内数据采样分析区划介绍。

第一节　中尺度气象模型 WRF 概要

城市气候的形成是一个复杂的过程，涉及气流、热、湿气以及辐射等物理量及过程。这其中包括风速、热量、辐射量、云量、降雨量等各种各样的统计量。如果希望通过数值模型模拟这些复杂的过程，需要建立诸如运动输送方程、显热输送方程、放射热传递方程等多个方程式计算得到模拟结果。WRF(weather research & forecasting)模型就是这样一个利用这些数学及物理模型模拟这些气象过程、现象的中尺度气象模型。

WRF 是以美国环境预测中心(NCEP)、美国国家大气研究中心(NCAR)等美国的科研机构为中心着手开发的一种统一的气象模型。WRF 模型为完全可压缩以及非静力模式，采用 F90 语言编写。水平方向采用 Arakawa C(荒川 C)网格点，垂直方向则采用地形跟随质量坐标。在时间积分方面采用三阶或者四阶的 Runge-Kutta 算法。不仅可以用于真实天气的个案模拟，也可以用其包含的模块组作为基本物理过程探讨的理论根据。

下面将具体地对模型中涵盖的坐标系、基础方程、表面热量收支平衡公式等三个方面进行详细的介绍。

一、坐标系

WRF 使用的垂直方向坐标系如图 3-1 所示。此坐标系的优点在于对地球上各种复杂的地形仍然适用。下面给出此坐标系的变换公式(3.1)。

$$z^* = \overline{H}(z - z_g)/(H - z_g) \tag{3.1}$$

其中，H 以及 $\overline{H}$ 分别代表 z 及 z^* 坐标系下的垂直方向上计算领域的上限值，z_g 代表该地形的地理海拔高度。

在进行流体计算的时候，需要沿着实体边缘排布适当的网格，而这种坐标系恰好满足了这一要求。此垂直方向上的曲线坐标系可以通过直角坐标系推算得到，便于理解和使用。

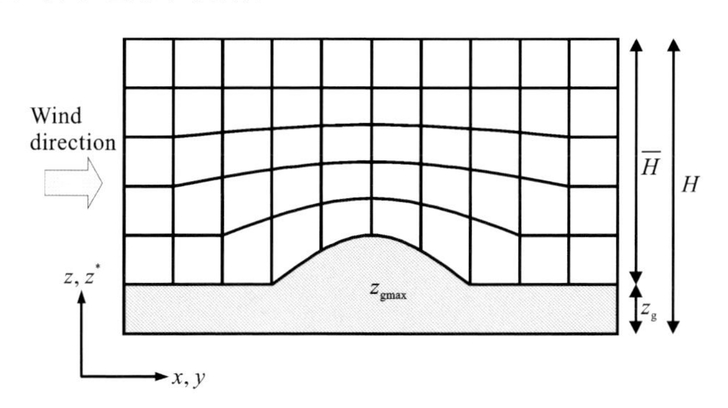

图 3-1　地形跟随坐标系(截自 WRFuser tutorial)

二、基础方程

气象学考虑的主要是风向、风速、温度、水蒸气、云量、雨量及气压分布等大气状态。通过以下基础方程可以得到相应的模拟结果。

在三维的不可压缩流体中，以纳维-斯托克斯方程(Navier-Stokes equations)为基础，分别使用的是质量守恒方程、动量守恒方程以及能量守恒方程。这三个方程成立的基础在于假设流体是连续的，意义在于强调流体不包含内部空隙，所涉及的场全部可微分，流体为不可压缩(密度不变)无粘流动的流体。此组方程和代数方程不同，并不是寻求建立所研究的变量之间的关系，而是建立这些量的变化率或通量之间的关系。

质量守恒方程见公式(3.2)。

$$\frac{\partial U_i}{\partial x_i} = 0 \tag{3.2}$$

动量守恒方程见公式(3.3)。

$$\frac{\mathrm{d}\widetilde{U}_i}{\mathrm{d}t} + \varepsilon_{ikl} f_k \widetilde{U}_i = -\frac{1}{\rho}\frac{\partial P}{\partial x_i} + \frac{\partial}{\partial x_j}\left(\nu \frac{\partial \widetilde{U}_i}{\partial x_j}\right) + g_i \tag{3.3}$$

能量守恒方程见公式(3.4)。

$$\frac{\mathrm{d}\widetilde{\Theta}}{\mathrm{d}t} = \frac{\partial}{\partial x_j}\left(\alpha \frac{\partial \widetilde{\Theta}}{\partial x_j}\right) \tag{3.4}$$

其中,U_i 为速度分量(m/s);

t 为时间(s);

g_i 为重力加速度(9.8 m/s^2);

ρ 为空气密度(kg/m^3);

P 为压力(Pa);

ν 为分子黏性系数(m^2/s);

Θ 为位温(K);

α 为分子扩散系数(m^2/s)。

速度、水汽混合比、位温、压力的瞬时值见公式(3.5)、公式(3.6)、公式(3.7)及公式(3.8)。

$$\widetilde{U}_i = U_i + u_i \tag{3.5}$$

$$\widetilde{Q}_v = Q_v + q_v \tag{3.6}$$

$$\widetilde{\Theta} = \Theta + \theta \tag{3.7}$$

$$\widetilde{P} = P + p \tag{3.8}$$

其中,U_i、Q_v、Θ、P 分别代表速度、水汽混合比、位温、压力的平均值,u_i、q_v、θ、p 分别代表速度、水汽混合比、位温、压力的偏差值,求和得到 $\widetilde{U}_i$、$\widetilde{Q}_v$、$\widetilde{\Theta}$、$\widetilde{P}$,分别代表速度、水汽混合比、位温、压力的瞬时值。

由此得到平均化方程,见公式(3.9)、公式(3.10)及公式(3.11)。

$$\frac{\partial U_i}{\partial x_i} = 0 \tag{3.9}$$

$$\frac{\mathrm{d}U_i}{\mathrm{d}t} + \frac{\partial}{\partial x_j}u_i u_j + \varepsilon_{ikl} f_k U_i = -\frac{1}{\rho}\frac{\partial P}{\partial x_i} + \frac{\partial}{\partial x_j}\left(\nu \frac{\partial \widetilde{U}_i}{\partial x_j}\right) + [1 - \beta(\Theta_v - \overline{\Theta}_v)]g_i \tag{3.10}$$

$$\frac{\mathrm{d}\Theta}{\mathrm{d}t} + \frac{\partial}{\partial x_j}u_j\theta = \frac{\partial}{\partial x_i}\left(\alpha \frac{\partial \Theta}{\partial x_i}\right) \tag{3.11}$$

水分混合比方程式见公式(3.12)。

$$\frac{\mathrm{d}\widetilde{Q}_v}{\mathrm{d}t} = \frac{\partial}{\partial x_j}\left(\eta_v \frac{\partial \widetilde{Q}_v}{\partial x_j}\right) \tag{3.12}$$

其中，Q_v 为水汽混合比(kg/kg)；

η_v 为水蒸气相关分子扩散系数(m^2/s)。

三、表面热量收支平衡公式

在建筑屋面、墙面以及地面上的热量平衡包括入射短波辐射、入射长波辐射、放射长波辐射、显热排热、潜热排热以及地面传导热等几个方面的平衡。

以地表面热量收支为例，有如公式(3.13)所示的热量收支平衡公式。

$$S_g + R_{g\downarrow} + R_{g\uparrow} + H_g + LE_g + G_g = 0 \tag{3.13}$$

在 WRF 板式气象模型中，城市作为一种用地类型有别于湖泊、森林、灌木丛等的用地类型，差异主要表现在入射率、热传导率等方面，而没有考虑城市中建筑物、街峡的作用，特别是多次放射作用。故而，板式模型中短波辐射入射量以及来自天空的长波辐射入射量不考虑被建筑物、地面等多次反射的情况。放射长波量、显热排热量、潜热排热量分别如公式(3.14)、公式(3.15)及公式(3.16)所示。

$$R_{g\uparrow} = -\varepsilon_g \sigma T_g^4 \tag{3.14}$$

$$H_g = \rho_a C_p u_* T_* \tag{3.15}$$

$$LE_g = \rho_a L u_* q_* \tag{3.16}$$

其中，σ 为发射率；

T_g 为地表面温度；

u_* 为摩擦速度；

T_* 为摩擦位温；

q_* 为摩擦比湿。

为了直观地表现出在每个表面上都会存在的热量收支情况，参看图3-2。

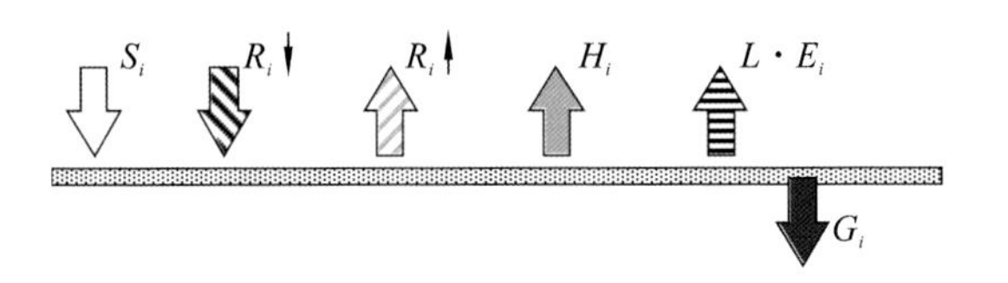

图 3-2　屋面、墙壁、地表面热量收支平衡情况(截自川本阳一博士论文)

第二节　城市冠层模型概要

单一的利用中尺度气象模型模拟城市气象环境具有一定的局限性，主要是由于板式模型通常将城市体块看作一块粗糙长度较大、反射率较小的平面。然而仅通过粗糙长度等属性来模拟城市内复杂的物理、化学过程，显然其精确度是有限的。城市是一个立体、凹凸的空间，建筑物及街峡包括城市绿化植被都对城市风速、乱流强度、长波、短波辐射量的吸收有很大影响。

城市冠层模型通过建立均一化城市街区模型，进一步考虑城市冠层内部建筑物对城市气候的影响。这些影响主要表现在五个方面：①建筑物对通风的不利影响；②建筑物的存在增强了周边空气的湍流运动；③建筑物的存在造成多次反射，从而改变城市冠层内对短波辐射的吸收；④建筑物的存在造成多次反射，从而改变城市冠层内对长波辐射的吸收；⑤建筑物的凹凸延伸了城市表面积，从而改变从城市冠层内放射的显热、潜热排放量。

除了对城市冠层内建筑物作用于城市气候的影响进行模拟之外，城市冠层模型还考虑了城市绿化植被对城市气候的影响，主要表现在以下四个方面：①植被对风速的降低作用；②植被的存在增强了空气的湍流运动；③植被对辐射、放射的吸收作用；④植被的遮阴作用降低了地面对日射的吸收量。

图 3-3 给出了板式模型与城市冠层模型的概念图。

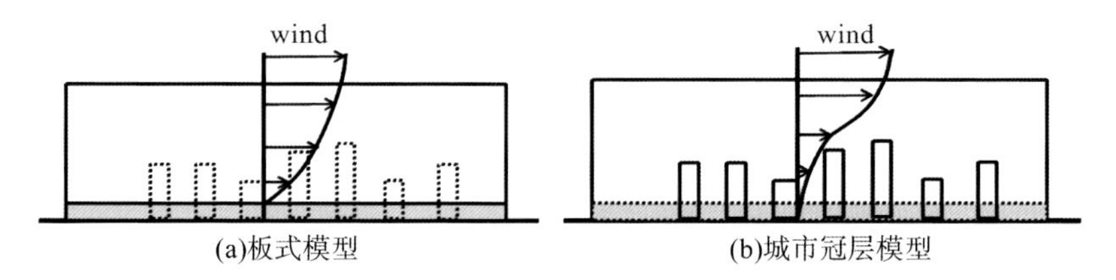

图 3-3　板式模型与城市冠层模型概念图(自绘)

城市冠层模型通过给定城市中平均建筑物的高度、平均建筑物的宽度、平均道路的宽度,抽象化地给出建筑群模型,如图 3-4 所示。

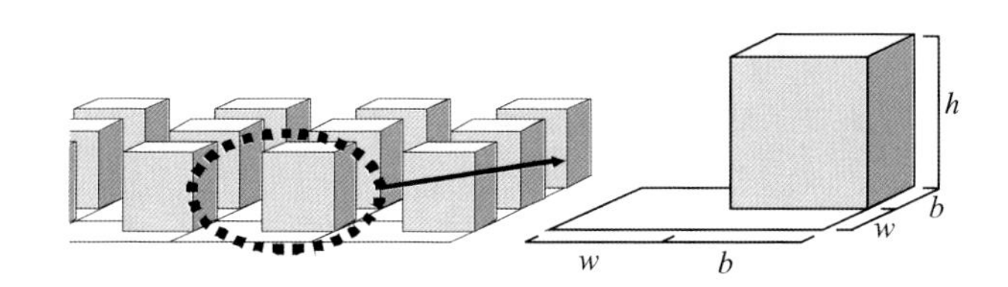

图 3-4　城市冠层模型抽象化建筑模型(截自川本阳一博士论文)

一、街区形态系数的计算方法

由于城市冠层模型中辐射计算的需要,作为辐射计算必备条件的各类表面(屋面、墙面及路面)的形态系数也需要被计算出来。本节将给出形态系数的计算方法。

(一) 屋面形态系数的计算

在均一化街区假设的前提下,从建筑物屋面仅可以望见天穹,因而从屋顶对天空的形态系数(天空率)为 1,屋顶对其余各类表面的形态系数为 0。

(二) 墙面形态系数的计算

假设墙面上的一个点 P,其天空率为 F_P,该点距离屋面的距离设定为 z_P,街峡长度设为 y_C,w 代表道路宽度,得到天空率 F_P如式(3.17)所求。

$$F_P=\frac{1}{2\pi}\left[\arctan\frac{y_C}{z_P}-\frac{z_P}{\sqrt{{z_P}^2+w^2}}\arctan\frac{y_C}{\sqrt{{z_P}^2+w^2}}\right] \tag{3.17}$$

假设街区长度无限,因而式(3.17)可以简化为公式(3.18)。

$$F_{\mathrm{P}}=\frac{1}{2\pi}\left[1-\frac{z_{\mathrm{P}}}{\sqrt{z_{\mathrm{P}}{}^{2}+w^{2}}}\right] \tag{3.18}$$

墙面上点 P 的天空率见公式(3.19)及公式(3.20)。

$$\Delta F_{\mathrm{W}\to\mathrm{S}}=\pi\times F_{\mathrm{P}} \tag{3.19}$$

$$\Delta F_{\mathrm{W}\to\mathrm{S}}=\frac{1}{2}\left[1-\frac{z_{\mathrm{P}}}{z_{\mathrm{P}}{}^{2}+w^{2}}\right] \tag{3.20}$$

墙面的天空率等于公式(3.20)的面积分,记做 $F_{\mathrm{W}\to\mathrm{S}}$。

路面对称于天空,假设墙面上点 P 到路面的距离为 z_{P}',同理可得到该点对路面的形态系数,记作 $\Delta F_{\mathrm{W}\to\mathrm{G}}$,同样通过面积分可得 $F_{\mathrm{W}\to\mathrm{G}}$,见公式(3.21)。

$$\Delta F_{\mathrm{W}\to\mathrm{G}}=\frac{1}{2}\left[1-\frac{z_{\mathrm{P}}'}{\sqrt{z_{\mathrm{P}}'^{2}+w^{2}}}\right] \tag{3.21}$$

由于墙面对天空、墙面对路面、墙面对墙面的形态系数和为 1,可以求出墙面对墙面的形态系数,见公式(3.22)。

$$F_{\mathrm{W}\to\mathrm{W}}=1-F_{\mathrm{W}\to\mathrm{G}}-F_{\mathrm{W}\to\mathrm{S}} \tag{3.22}$$

(三)路面形态系数的计算

计算路面对墙面的形态系数,假设路面上的一个点 P' 到墙面的距离为 z_{P}',仍将街区看作无限长,建筑高度为 h,该点对墙面的形态系数记作 $\Delta F_{\mathrm{G}\to\mathrm{W}}$,见公式(3.23)。

$$\Delta F_{\mathrm{G}\to\mathrm{W}}=\frac{1}{2}\left[1-\frac{z_{\mathrm{P}}'}{\sqrt{z_{\mathrm{P}}'^{2}+h^{2}}}\right] \tag{3.23}$$

同理得到 $F_{\mathrm{G}\to\mathrm{W}}$,又因为地面对天空、地面对墙面的形态系数之和为 1,故公式(3.24)成立。

$$F_{\mathrm{G}\to\mathrm{S}}=1-F_{\mathrm{G}\to\mathrm{W}} \tag{3.24}$$

二、城市冠层模型辐射计算

高层建筑对地表面温度有很大影响,这主要是因为高层建筑良好的遮阴效果可以减少地表面对直射太阳短波辐射的吸收。然而高层建筑由于其表面积较大,会吸收更多的长、短波辐射量,特别是当建筑密度较大时,太阳

光在高层建筑之间存在多次反射，会阻止反射后的长、短波辐射逸出街峡。此模型考虑各表面间的多次反射情况，并假设各个面都满足漫反射定理。

（一）太阳短波辐射的计算

图 3-5 所示为太阳短波辐射在街峡中照射后的阴影情况，由于太阳高度角的不同，建筑物的遮阴效果也不相同。太阳高度角较高的情况如图 3-5（Ⅰ）所示，街道只有部分区域处于阴影区中。太阳高度角较低时，如图 3-5（Ⅱ）所示，街道全部处于阴影区中，这两种情况下阴影区域的计算公式也不相同，分情况讨论，如公式(3.25)至公式(3.29)所示。

$$l_{shadow}=\begin{cases} h\tan\theta_z\sin\theta_n & (l_{shadow}<w) \\ w & (l_{shadow}\geqslant w) \end{cases} \tag{3.25}$$

$$\cos\theta_z=\sin\varphi\sin\delta+\cos\varphi\cos\delta\cos\omega_t \tag{3.26}$$

$$\cos\theta_{sun}=(\sin\theta_z'\sin\varphi-\sin\delta)\sec\theta_z'\sec\delta \tag{3.27}$$

$$\sin\theta_{sun}=\cos\delta\sec\omega_t\sec\theta_z' \tag{3.28}$$

$$\sin\theta_z'=\cos\theta_z \tag{3.29}$$

其中，h 为建筑高度(m)；

w 为道路宽度(m)；

θ_z 为太阳高度角(°)；

θ_n 为太阳所在方位与街峡中轴线之间的夹角(°)；

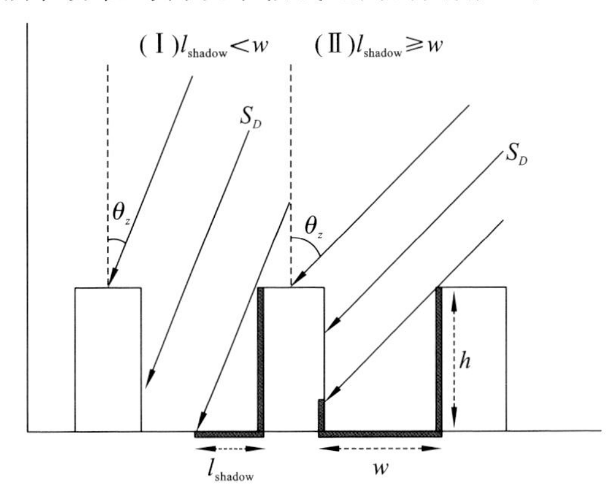

图 3-5　直射太阳短波辐射(S_D)在街区内的照射情况(截自 Kusaka 论文)

φ 为纬度(°)；

δ 为太阳赤纬(°)；

ω_t 为太阳小时角(°)；

θ_{sun} 为太阳方位角(°)。

在冠层模型中计算太阳短波辐射的净吸收量，可以分成三种表面情况讨论，分别是屋面、墙面以及路面。在公式(3.30)至公式(3.34)中分别用R(roof)、W(wall)、G(ground)下脚标代表这三类平面。脚标1、2分别代表各种表面吸收直射短波辐射量及反射短波辐射量。

$$S_R = S_D(1-\partial_R) + S_Q(1-\partial_R) \tag{3.30}$$

$$S_{W,1} = S_D \frac{l_{shadow}}{2h}(1-\partial_W) + S_Q F_{W\to S}(1-\partial_W) \tag{3.31}$$

$$S_{W,2} = S_D \frac{(w-l_{shadow})}{w}\partial_G F_{W\to G}(1-\partial_W) + S_Q F_{W\to G}(1-\partial_W) + S_D \frac{l_{shadow}}{2h}\partial_W F_{W\to W}(1-\partial_W) + S_Q F_{W\to S}\partial_W F_{W\to W}(1-\partial_W) \tag{3.32}$$

$$S_{G,1} = S_D \frac{(w-l_{shadow})}{w}(1-\partial_G) + S_Q F_{G\to S}(1-\partial_G) \tag{3.33}$$

$$S_{G,2} = S_D \frac{l_{shadow}}{2h}\partial_W F_{G\to W}(1-\partial_G) + S_Q F_{W\to S}\partial_W F_{G\to W}(1-\partial_G) \tag{3.34}$$

其中，S_D 为直射短波辐射(W/m^2)；

S_Q 为散射短波辐射(W/m^2)；

∂_W、∂_G、∂_R 为墙面、地面、屋面的反射率。

(二) 太阳长波辐射的计算

在冠层模型中计算太阳长波辐射的净吸收量，可以分成三种表面情况讨论，分别是屋面、墙面以及路面。在公式(3.35)至公式(3.39)中分别用R(roof)、W(wall)、G(ground)下脚标代表这三类平面。脚标1、2分别代表各种表面吸收直射长波辐射量及反射长波辐射量。

$$L_R = \in_R(L^{\downarrow} - \sigma T_R^4) \tag{3.35}$$

$$L_{W,1} = \in_W(L^{\downarrow} F_{W\to S} + \in_G \sigma T_G^4 F_{W\to G} + \in_W \sigma T_W^4 F_{W\to W} - \sigma T_W^4) \tag{3.36}$$

$$L_{W,2}=\in_W[(1-\in_G)L^{\downarrow}F_{W\to S}F_{W\to G}+(1-\in_G)\in_W\sigma T_W{}^4F_{G\to W}F_{W\to G}$$
$$+(1-\in_W)L^{\downarrow}F_{W\to S}F_{W\to W}+(1-\in_W)\in_G\sigma T_G{}^4F_{W\to G}F_{W\to W}$$
$$+(1-\in_W)\in_W\sigma T_W{}^4F_{W\to W}F_{W\to W}] \tag{3.37}$$

$$L_{G,1}=\in_G(L^{\downarrow}F_{G\to S}+\in_W\sigma T_W{}^4F_{G\to W}-\sigma T_G{}^4) \tag{3.38}$$

$$L_{G,2}=\in_G[(1-\in_W)L^{\downarrow}F_{W\to S}F_{G\to W}+(1-\in_W)]\in_G\sigma T_G{}^4F_{W\to G}F_{G\to W}$$
$$+\in_W(1-\in_W)\sigma T_W{}^4F_{W\to W}F_{G\to W} \tag{3.39}$$

其中，$L^{\downarrow}$ 为大气对地面的长波辐射量（W/m^2）；

$\in_R$、$\in_W$、$\in_G$ 为墙面、地面、屋面的反射率；

T_R、T_W、T_G 为墙面、地面、屋面的表面温度（℃）。

（三）显热量的计算

显热量的计算同长、短波辐射量的计算一样，需要按表面种类分别讨论，共分成三类表面，即墙面、屋面、地面，记作 H_W、H_R、H_G。显热量计算依据被广泛运用于建筑环境领域的 Jurges 公式，这一组公式已经经过许多实测研究验证了其可靠性见公式（3.40）至公式（3.49）。

$$H_W=C_W(T_W-T_S) \tag{3.40}$$

$$H_G=C_G(T_G-T_S) \tag{3.41}$$

$$C_W=C_G=\begin{cases}7.15U_S^{0.78} & (U_S>5\ \mathrm{ms^{-1}})\\ 6.15+4.18U_S & (U_S\leqslant 5\ \mathrm{ms^{-1}})\end{cases} \tag{3.42}$$

$$H_a=\rho c_p\frac{ku_*}{\varphi_h}(T_S-T_a) \tag{3.43}$$

$$\varphi_h=\int_{\zeta_T}^{\zeta}\frac{\phi_h}{\zeta'}d\zeta' \tag{3.44}$$

$$L=-\frac{\rho c_pTu_*{}^3}{kgH_a} \tag{3.45}$$

$$wH_a=2hH_W+wH_G \tag{3.46}$$

$$H=A_u[rH_R+wH_a]+A_vH_v \tag{3.47}$$

$$\zeta_T=z_T/L \tag{3.48}$$

$$\zeta=(z_a-d)/L \tag{3.49}$$

其中，T_W、T_G 为墙面及路面的表面温度（℃）；

T_S 为街峡内气温（℃）；

U_S 为街峡内风速(m/s);

u_* 为摩擦速度(m/s);

k 为冯卡曼常数;

ρ 为空气密度(kg/m^3);

c_p 为干空气热容量;

L 为奥布霍夫稳定长度(m);

A_u 为城市比例;

A_v 为绿化率;

z_T 为粗糙长度。

第三节　城市冠层模型的验证

对于单层城市冠层模型(simple single-layer urban canopy model)的验证,Kusaka 在"*A simple single-layer urban canopy model for atmospheric models: comparison with multi-layer and slab models*"一文中对模型模拟结果同实测结果进行了深度对比,通过对城市内建筑、道路受热面模拟结果和实测结果的对比,试图说明此模型的可靠性及精确性。

将模拟结果与 1977 年 Nunez 和 Oke 发表的针对英国哥伦比亚 Vancouver 地区(49°N,123°E)1973 年 9 月 9 日至 10 日期间气温和长波净辐射的实测数据进行对比,得到本节下文的对比结果。实测区域为南北走向的城市街峡,选择位于道路中点及墙壁中点高度处距离路面、墙面 0.3 m 远处数据进行比较。

图 3-6 显示的是实测、模拟结果比较图。实心点及小圆圈分别代表表面温度及净辐射实测值;实线及虚线分别代表表面温度及净辐射模拟值。虽然墙壁及路面温度模拟值及实测值在日落后及日出前阶段的某些时刻会有正负 1 ℃以上的温度差,但其他时刻的模拟值和实测值基本吻合。墙壁和路面净辐射值的差别均在 10 W/m^2 以下。

Kusaka 在文中还提出了另一组比较结果。实测数据利用的是 Fujino 在 1996 年 7 月 27 日至 29 日于 Nagahama 市(35°22′N,136°18′E)居住区进

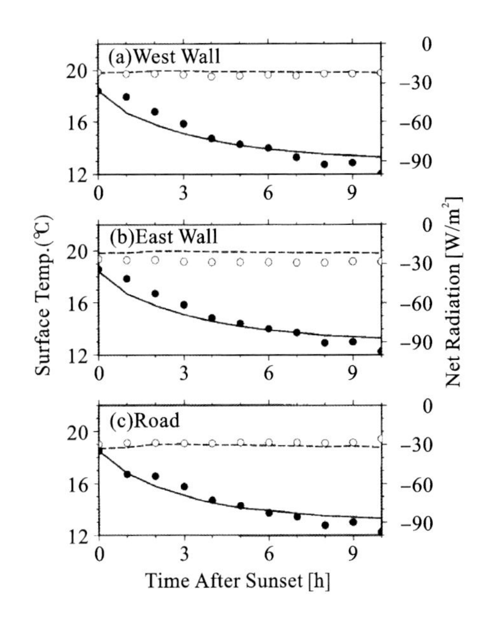

图 3-6　Vancouver 地区 1973 年 9 月 9 日至 10 日西墙、东墙及路面的净辐射值、表面温度实测、模拟结果(Nunez 及 Oke 于 1977 年发表)比较图(截自 Kusaka 论文)

行实测所得到的结果(发表于 1999 年)。模拟验证输入的边界条件依照实测得到的风速、位温、能量得失值,详细情况显示于图 3-7 中。其中 S_D、S_Q、L 分别代表直射太阳辐射量、散射太阳辐射量及长波辐射量。

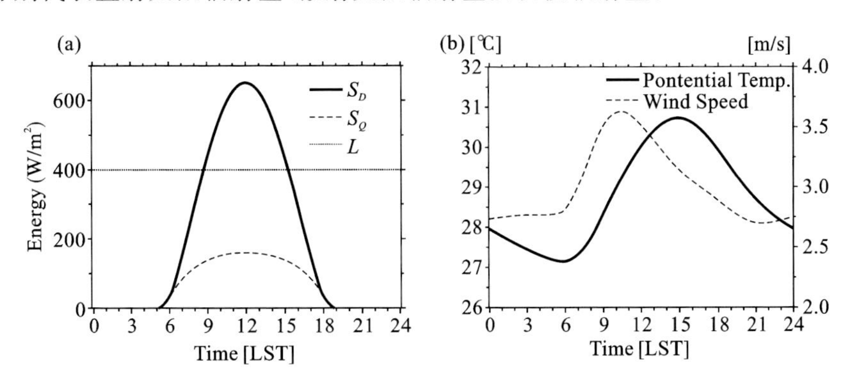

图 3-7　验证模拟输入的边界条件(截自 Kusaka 论文)

图 3-8 给出了 Nagahama 市 1996 年 7 月 27 日至 29 日屋面、路面表面温度实测、模拟结果比较图。从图中可以看到，实测结果显示屋面及路面的最高表面温度分别为 64 ℃及 60 ℃，最高温均出现在 7 月 28 日午后 1 点。到了凌晨 5 点左右，屋面、路面表面温度分别降到 24 ℃及 30 ℃。经过对比可以发现，屋面表面温度的实测结果和模拟结果吻合得非常好。但是模拟的路面温度在日中时间段比实测结果低 7.5 ℃左右。Kusaka 在文中给出了这个结果的成因，也提供了另一份改良后的模拟结果。Kusaka 解释，由于模拟结果都是这一街峡内各个区域路面温度的平均值，而实测结果是位于路面中心无遮挡点的表面温度，所以造成较大的温度差。后来作者改良了方案，将模拟街峡内各路面点都设定为无遮挡路面，再次模拟的结果显示于图 3-8 内的 Road(test)折线，可以发现，这种情况下实测结果和模拟结果吻合得非常好。

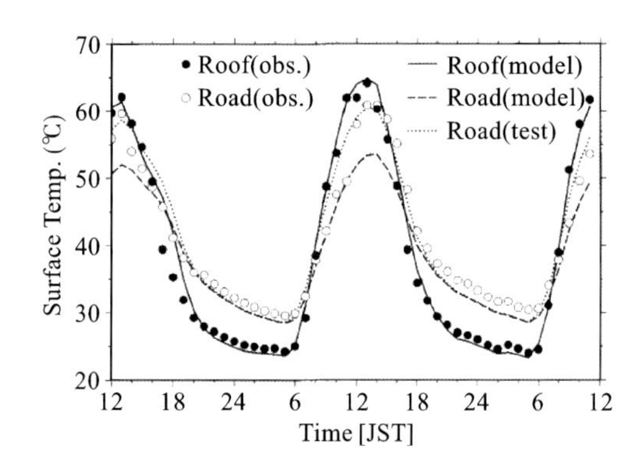

图 3-8　Nagahama 市 1996 年 7 月 27 日至 29 日屋面、路面表面温度实测、模拟结果比较图(截自 Kusaka 论文)

最后针对武汉地区，本书也给出了模拟结果同武汉市气象局提供的逐时实测结果的对比情况。本验证模拟设定 2008 年 7 月 23 日至 2008 年 7 月 27 日的气候情况，取 7 月 26 日结果同实测结果进行比较分析。边界条件通过调用 National Center for Atmospheric Research(NCAR) NECP/NCAR fnl 全球气象数据，输入当天的气候数据作为初始值进行模拟计算。对城市冠层模型中各类表面材料属性进行设定，屋面、墙面及路面的热容量值分别为 1.0E6 J/(m^3 · K)、1.0E6 J/(m^3 · K)及 1.4E6 J/(m^3 · K)，热导值分别

为 0.67 W/(m·K)、0.67 W/(m·K)及 0.4004 W/(m·K),反射率均为 0.20,吸收率分别为 0.90、0.90 及 0.95。图 3-9 显示的是武汉市气象站的地理坐标位置图。

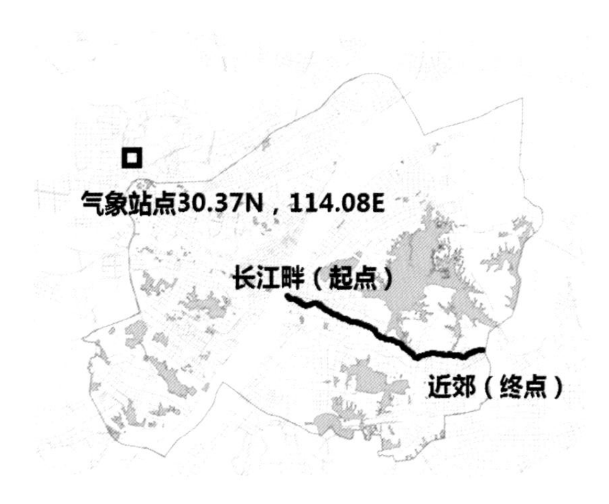

图 3-9　武汉市气象站地理坐标位置及 2011 年 8 月 15 日移动实测起止点示意图(自绘)

图 3-10 显示的是武汉市 2008 年 7 月 26 日实测结果同板式模型、城市冠层模型的对比结果。由图中可以发现,在日中及日出前时间段内,模拟结果分别会高于、低于实测结果。出现这个现象的主要原因是模型在日中时,郊外区域不存在植被或者建筑物遮挡的情况,所以模拟结果在这一时间段会高于实测结果 1～2 ℃。然而在日出前较低气温时间段,由于人工排热量的原因,导致这一时间段模拟结果同实测结果之间存在较明显差异。并且由于板式模型没有考虑人工排热量,而城市冠层模型存在这一方面的考量,故城市冠层模型同实测结果的差别明显小于板式模型,根据数据显示,板式模型同实测结果的最大温差出现在凌晨 0 点左右,最大差值达 2.29 ℃,城市冠层模型同实测结果最大温差出现在午后 3 点左右,最大差值为 1.25 ℃。

由以上各对比结果可知,应用于城市气候模拟研究的城市冠层模型无论在正确性及精确度上都具有一定的优势,可以适用于本书的案例研究。

除以上对比研究外,还有一组模拟数据对比了 2011 年 8 月 13 日至 2011 年 8 月 16 日 4 日间利用汽车在武汉市主干道上进行的移动实测所得的实测数据结果。移动实测的移动位置如图 3-9 中黑色曲线所示。

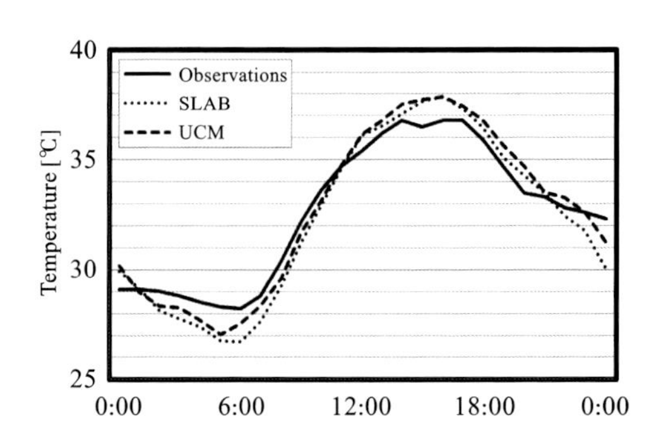

图 3-10　武汉市 2008 年 7 月 26 日实测结果同板式模型、城市冠层模型在气象站点(30.37N,114.08E)的对比结果(自绘)

选取 2011 年 8 月 15 日正午 12 点及晚上 21 点两个时间段测得的沿主干道由起点位置指向终点位置的气温实测结果,同模拟结果进行对比。本验证模拟设定 2011 年 8 月 13 日至 2011 年 8 月 15 日 4 日间气候情况,取 8 月 15 日结果同实测结果进行比较分析。边界条件通过调用 National Center for Atmospheric Research(NCAR)NECP/NCAR fnl 全球气象数据,输入当天的气候数据作为初始值进行模拟计算。对城市冠层模型中各类表面材料属性进行设定,屋面、墙面及路面的热容量值分别为 1.0E6 J/(m^3·K)、1.0E6 J/(m^3·K)及 1.4E6 J/(m^3·K),热导值分别为 0.67 W/(m·K)、0.67 W/(m·K)及 0.4004 W/(m·K),反射率均为 0.20,吸收率分别为 0.90、0.90 及 0.95。对比结果如图 3-11、图 3-12 所示。

可以看出,正午 12 点的实测结果同模拟结果吻合得更好,虽然实测结果大部分低于模拟结果,但只有少部分实测结果同模拟结果的差别高于 1 ℃,而大部分实测结果同模拟结果的差别在 1 ℃范围以内。特别是在气温变化的走向上,模拟结果同实测结果吻合得非常好。夜晚 21 点的对比结果显示,明显的差别主要出现在江畔(起点)及近郊转折点位置,这些差别的主要成因应该是主干道上的交通废热,而这部分在模型中很难被模拟出来。但从整体气温走向及转折点位置,特别是近郊位置(终点)气温对比情况来看,模拟结果和实测结果基本一致。

除此之外,还有许多研究学者及模型开发人员做过类似验证工作,都充分证明了此模型的精确性和可靠性。

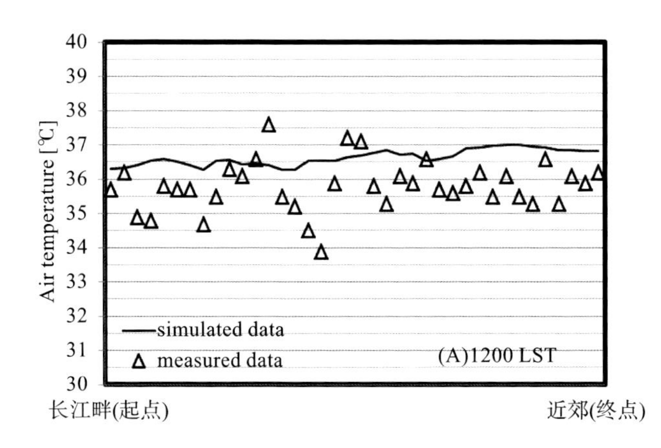

图 3-11　武汉市 2011 年 8 月 15 日正午 12 点时移动测量气温实测结果同城市冠层模型模拟结果对比(自绘)

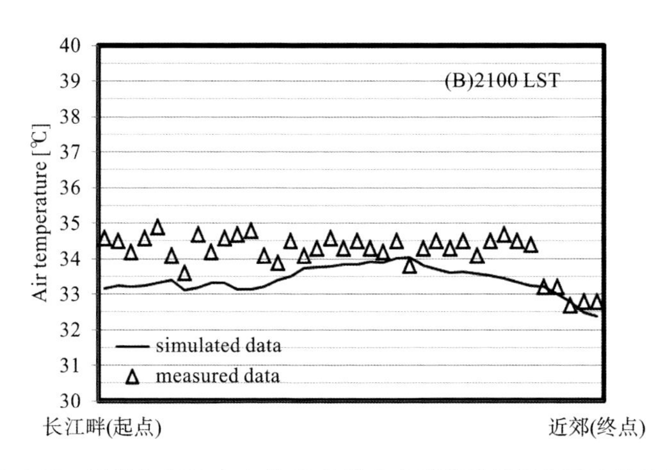

图 3-12　武汉市 2011 年 8 月 15 日晚九点时移动测量气温实测结果同城市冠层模型模拟结果对比(自绘)

第四节　城市用地条件的设定

本书中数值模拟所使用的地理信息数据均是基于 U. S. Geological Survey 提供的 USGS-24 类全球土地利用信息数据。表 3-1 提供了 USGS-24 类土地利用分类的详细参数设定值。

表 3-1　USGS-24 类土地利用分类表（U. S. Geological Survey 提供）

Vegetation Integer Identification	Vegetation Description	Albedo /(%)		Moisture Avail /(%)		Emissivity /(% at 9 μm)		Roughness Length /cm		Thermal Inertia	
		Sun	Win	Sun	Win	Sun	Win	Sun	Win	Sun	Win
1	Urban	15	15	10	10	88	88	80	80	0.03	0.03
2	Drylnd. Crop. Past	17	23	30	60	98.5	92	15	5	0.04	0.04
3	Ing. Crop. Past	18	23	50	50	98.5	92	15	5	0.04	0.04
4	Mix. Dry/ Ing. C. P	18	23	25	50	98.5	92	15	5	0.04	0.04
5	Crop. /Grs. Mosaic	18	23	25	40	99	92	14	5	0.04	0.04
6	Crop. /Wood Mosc	16	20	35	60	98.5	93	20	20	0.04	0.04
7	Grassland	19	23	15	30	98.5	92	12	10	0.03	0.04
8	Shrubland	22	25	10	20	88	88	10	10	0.03	0.04
9	Mix Shrb /Grs	20	24	15	25	90	90	11	10	0.03	0.04
10	Savanna	20	20	15	15	92	92	15	15	0.03	0.03
11	Decids. Broadlf	16	17	30	60	93	93	50	50	0.04	0.05
12	Decids. Needlf	14	15	30	60	94	93	50	50	0.04	0.05
13	Evergrn. Braodlf	12	12	50	50	95	95	50	50	0.05	0.05
14	Evergrn. Needlf	12	12	30	60	95	95	50	50	0.04	0.05

续表

Vegetation Integer Identification	Vegetation Description	Albedo /(%)		Moisture Avail /(%)		Emissivity /(% at 9 μm)		Roughness Length /cm		Thermal Inertia	
		Sun	Win	Sun	Win	Sun	Win	Sun	Win	Sun	Win
15	Mixcd Forest	13	14	30	60	94	94	50	50	0.04	0.06
16	Water Bodies	8	8	100	100	98	98	01	01	0.06	0.06
17	Herb. Wetland	14	14	60	75	95	95	20	20	0.06	0.06
18	Wooded wetland	14	14	35	70	95	95	40	40	0.05	0.06
19	Bar. Sparse Veg	25	25	2	5	85	85	10	10	0.02	0.02
20	Herb. Tundra	15	60	50	90	92	92	10	10	0.05	0.05
21	Wooden Tundra	15	60	50	90	93	93	30	30	0.05	0.05
22	Mixed Tundra	15	55	50	90	92	92	15	15	0.05	0.05
23	Bare Gmd Tundra	25	70	2	95	85	95	10	5	0.02	0.05
24	Snow or Ice	55	70	95	95	95	95	5	5	0.05	0.05

在表3-1的数据基础上，根据武汉市这几年城市发展变化情况进行修改。研究模拟对象以武汉市内坐标位于114.30E,30.50N的位置为中心点。Domain1水平范围225 km，包含湖北省东南面大部分区域；Domain2水平范围150 km，南北向、东西向分成100等份，间距1.5 km；Domain3包含武汉中心城区区域，水平范围50 km，最小解析度为500 m。垂直方向上三层

domain 均为 20 km。模拟区域设定及网格设定见表 3-2。

表 3-2　模拟区域、网格分布设置

	Domain(X×Y×Z)/km	网　格　数	网格大小/km
D1	225×225×20	50×50×35	4.5
D2	150×150×20	100×100×35	1.5
D3	50×50×20	100×100×35	0.5

模拟区域设定范围及各层 domain 之间位置关系如图 3-13 所示。

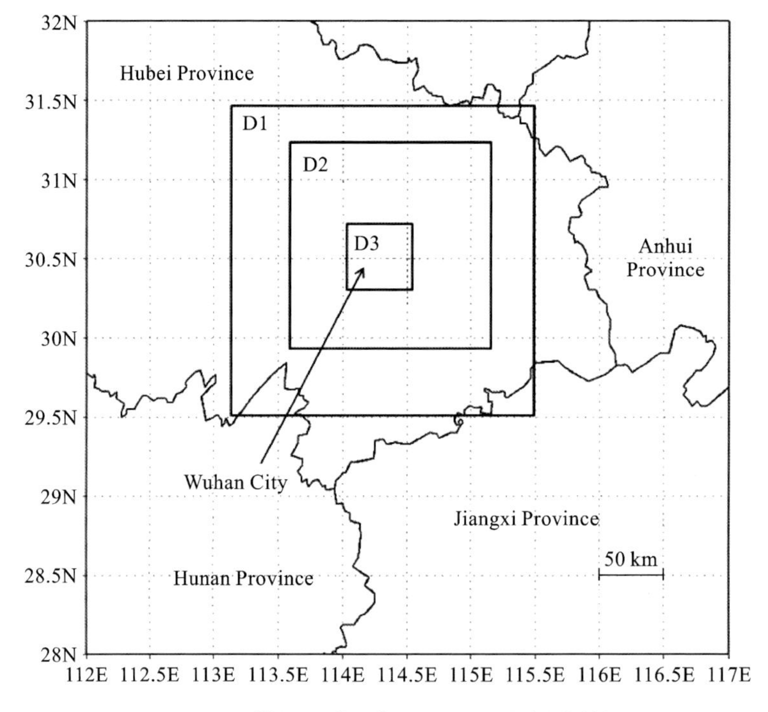

图 3-13　模拟区域设定及 domain 设定(自绘)

除在 U. S. Geological Survey 数据基础上根据武汉市这几年城市发展变化情况进行修改之外,还利用城市冠层模型实现城市内土地利用类别的区分。根据武汉市规划局提供的武汉中心城区强度分区图,如图 3-14 所示,对城市内各类用地强度区域进行区分设定,最大限度地提高土地利用信息精确度,从而确保模拟结果的可信度及真实度。

城市冠层模型内城市铺面属性设定如下：

屋面、墙面及路面的热容量值分别为 1.0E6 J/(m³ · K)、1.0E6 J/(m³ · K)及 1.4E6 J/(m³ · K)；

屋面、墙面及路面的热导值分别为 0.67 W/(m · K)、0.67 W/(m · K)及 0.4004 W/(m · K)；

屋面、墙面及路面的反射率分别为 0.20、0.20 及 0.20；

屋面、墙面及路面的吸收率分别为 0.90、0.90 及 0.95。

图 3-14　武汉中心城区强度分区图(武汉市规划局提供)

本研究模拟 2011 年 8 月 12 日至 2011 年 8 月 15 日期间不同城市空间布局下的气候情况，取 8 月 15 日结果作为代表数据进行分析讨论。边界条件通过调用 national center for atmospheric research(NCAR)NECP/NCAR fnl 全球气象数据，输入当天的气候数据作为初始值进行模拟计算。

第五节　案例设定介绍

为了定量化地探讨城市发展带来的建筑密度、容积率、人工排热量、城市中心区水体面积的改变对城市局地气候的影响，本书利用等增长率的多个案例探讨城市发展和气候恶化速率的关系。

一、建筑密度及绿化率对中心城区气候影响研究

根据武汉市 2006 年至 2020 年的城市总体规划，将容积率及人工排热值固定(取 2020 年目标值)，仅改变中心城区内的建筑密度及绿化率，以期得到建筑密度及绿化率与城市中心城区气温、风速、显热收支及潜热收支之间的关系。

在充分理解武汉市 2006 年至 2020 年城市总体规划的前提下，根据基于中尺度气象模型 WRF 的城市冠层模型特性，建立如表 3-3 所示的 5 组案例，其中案例 2 取 2020 年目标值。

表 3-3　建筑密度及绿化率对中心城区气候影响研究案例设定之一

要　素	强　度	Case1	Case2	Case3	Case4	Case5
建筑密度/(%)	强度 1&2 区	40	50	60	70	80
	强度 3 区	35	45	55	65	75
	强度 4&5 区	20	30	40	50	60
绿化率/(%)	强度 1&2 区	40	30	20	10	0
	强度 3 区	45	35	25	15	5
	强度 4&5 区	50	40	30	20	10
屋顶宽度/m	强度 1&2 区	45.0	55.0	65.0	75.0	85.0
	强度 3 区	39.0	34.0	41.0	48.0	80.0
	强度 4&5 区	17.0	24.0	25.0	38.0	45.0

续表

要　　素	强　　度	Case1	Case2	Case3	Case4	Case5
城市非绿化用地占比	强度1&2区	0.60	0.70	0.80	0.90	1.00
	强度3区	0.55	0.65	0.75	0.85	0.95
	强度4&5区	0.50	0.60	0.70	0.80	0.90
道路宽度/m	强度1&2区	10.0	10.0	10.0	10.0	10.0
	强度3区	10.0	10.0	10.0	10.0	10.0
	强度4&5区	10.0	10.0	10.0	10.0	10.0

为了得到中心城区建筑密度及绿化率同城市环境气候之间清晰明确的关系，城市其他特征因素（容积率及人工排热值）取固定值（取2020年目标值），详见表3-4。

表3-4　建筑密度及绿化率对中心城区气候影响研究案例设定之二

要　　素	强度1&2区	强度3区	强度4&5区
容积率	3.5	2.5	1.5
建筑高度/m	21.0	18.0	15.0
人工排热值/（W/m²）	140	60	40

分析这5组案例中城市中心区气温、风速、显热收支及潜热收支值，通过数据处理分析，试图找到中心城区建筑密度及绿化率同环境气候因素之间的定量化关系，并依据所得到的数据制订城市建筑密度及绿化率改善方案，建筑密度增长案例概念图如图3-15所示。

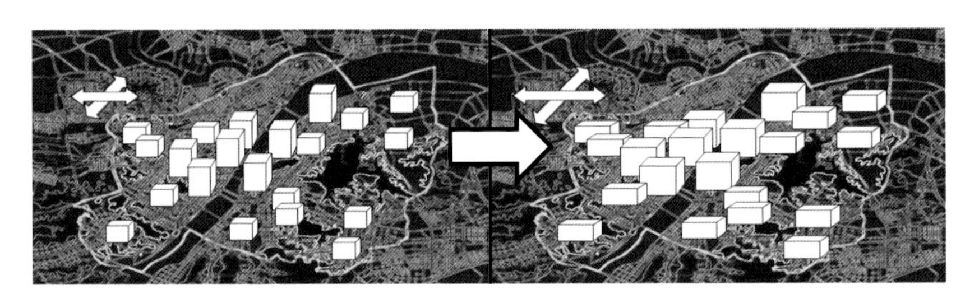

图3-15　建筑密度增长案例概念图(自绘)

二、容积率对中心城区气候影响研究

根据武汉市2006年至2020年的城市总体规划，将建筑密度、绿地率及人工排热值固定(取2020年目标值)，仅改变中心城区内的容积率，以期得到容积率这一单一变量与城市中心城区气温、风速、显热收支及潜热收支之间的关系。

在充分理解武汉市2006年至2020年城市总体规划的前提下，根据基于中尺度气象模型WRF的城市冠层模型特性，建立如表3-5所示的5组案例，其中案例2取2020年目标值。

表3-5　容积率对中心城区气候影响研究案例设定之一

要　素	强　度	Case1	Case2	Case3	Case4	Case5
容积率	强度1&2区	2.5	3.5	4.5	5.5	6.5
	强度3区	1.5	2.5	3.5	4.5	5.5
	强度4&5区	1.0	1.5	2.0	2.5	3.0
建筑高度/m	强度1&2区	15.0	21.0	27.0	33.0	42.0
	强度3区	12.0	18.0	24.0	30.0	36.0
	强度4&5区	9.0	15.0	21.0	27.0	30.0

为了得到中心城区容积率同城市环境气候之间清晰明确的关系，城市其他特征因素(建筑密度、绿地率及人工排热值)取固定值(取2020年目标值)，详见表3-6。

表3-6　容积率对中心城区气候影响研究案例设定之二

要　素	强度1&2区	强度3区	强度4&5区
建筑密度/(%)	50	45	30
绿化率/(%)	30	35	40
城市非绿化用地占比	0.70	0.65	0.60
屋顶宽度/m	55.0	34.0	24.0
道路宽度/m	10.0	10.0	10.0
人工排热值/(W/m^2)	140	60	40

分析这5组案例中城市中心区气温、风速、热岛强度值，通过数据处理分析，试图找到中心城区容积率同环境气候因素之间的定量化关系，并依据所得到的数据制订城市容积率改善方案，容积率增长案例概念图如图3-16所示。

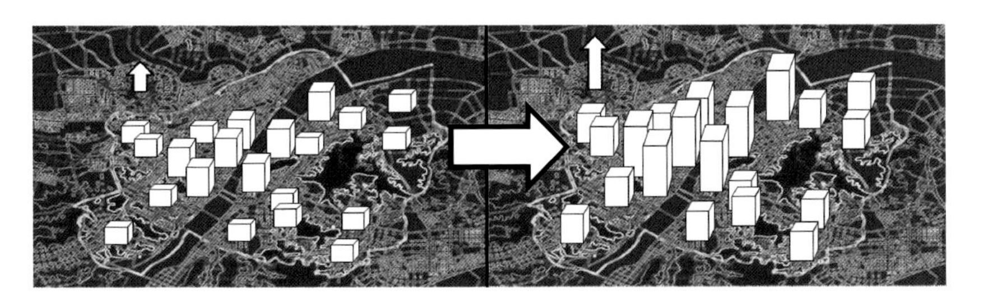

图3-16 容积率增长案例概念图(自绘)

三、武汉中心城区内水体面积的改变对中心城区气候影响案例研究

武汉市中心城区内水体面积占到全市面积的四分之一，故中心城区内水体对城市中心区的气候形成及微气候变化有很大的影响。根据武汉市规划局统计资料显示，由于城市经济建设的需要，大量中心城区内水体被填埋，从1965年至2008年的43年间，被填埋水体面积达到130.5 km^2。

本研究为了说明水体面积的减少对城市中心区环境气候的影响，采用统一的气象边界条件，只依据1965年及2008年的规划数据，仅改变城市中心区内水体面积及位置，设置1965年案例及2008年案例，通过对模拟结果的对比分析，以求达到预测结果。

本研究同时预测城市发展下的极端情况，即除长江以外，城市中心城区内无其他水面案例(no water案例)，为了便于比较分析，同1965年及2008年的案例一样，使用相同的气象边界条件模拟。并将此极端预测案例的分析研究、城市高层化及高密度化两类极端发展案例及人工排热量极端增长案例作为城市的三类发展极端情况一起在本书第七章的城市发展预测中进行讨论、分析。

四、武汉市不同城市发展模式对中心城区气候影响案例研究

本书案例将从武汉市实际情况出发，对未来50年后发展用地需求作出预测，在满足50年后武汉用地需求量的前提下，给出两类城市发展模式：①纵向发展，高层化发展模式；②横向发展，高密度化发展模式。比较这两种城市发展模式对城市环境气候的影响，并另外设置几个案例，探讨在高人工热排放的情况下，哪种发展模式对高人工热排放造成的城市热环境恶化起到的缓解作用更加明显。

案例从实际出发，根据武汉市统计局提供的全市总人口历年调查结果，预测出在人口增长率不变的前提下50年后全市的总人口数。根据2010年统计局数据显示，武汉市全市人口为995万，其中城镇人口占745万，中心城区人口占全市总人口的30%。伴随着城市化进程的加快，城市人口比例增加成为必然趋势，据全球资料统计，1900年的城市人口所占比例为13.6%，1950年发展为28.2%，到1960年，此比例已经增长到33%，1970年为38.6%，1980年达41.3%。发达国家地区城市人口所占比例在1980年的平均值已达70.9%，其中美国为77%、加拿大为75.5%、日本为78.3%、德国达到84.7%、英国甚至达到90.8%。据此，本研究推测50年后武汉市城市化率的发展将达到发达地区水平，城市人口占全市总人口比例上升到70%左右，届时城市中心区需要容纳1120万人口生活、工作，在人均居住及工业用地基本保持不变的前提下，主城区用地需求量在50年后将增长到530 km^2 左右。

由此得到高层化发展模式及高密度化发展模式的城市布局方案，并根据不同的人工热排放量设置6个案例，分别命名为V_1、V_2、V_3及H_1、H_2、H_3，案例详情参见表3-7。

表3-7　城市中心区高密度化、高层化发展方式对中心城区气候影响研究案例设定

要　素	强　度	V_1	V_2	V_3	H_1	H_2	H_3
绿化率/(%)	强度1&2区	50	50	50	20	20	20
	强度3区	55	55	55	25	25	25
	强度4&5区	60	60	60	30	30	30

续表

要　　素	强　　度	V_1	V_2	V_3	H_1	H_2	H_3
建筑高度/m	强度 1&2 区	111	111	111	42	42	42
	强度 3 区	99	99	99	30	30	30
	强度 4&5 区	87	87	87	24	24	24
屋顶宽度/m	强度 1&2 区	55	55	55	85	85	85
	强度 3 区	34	34	34	65	65	65
	强度 4&5 区	24	24	24	45	45	45
城市非绿化用地占比	强度 1&2 区	50	50	50	80	80	80
	强度 3 区	45	45	45	75	75	75
	强度 4&5 区	40	40	40	70	70	70
人工排热值/(W/m^2)	强度 1&2 区	140	240	340	140	240	340
	强度 3 区	60	160	260	60	160	260
	强度 4&5 区	40	140	240	40	140	240

下面将从气温、热平衡、风速、风向、热岛效应以及风速对热岛的缓解效果几个方面分析比较这两种城市发展模式对城市环境的影响作用，及在高人工热排放下对城市环境恶化的缓解效果比较。

第六节　武汉中心城区内采样分区介绍

武汉全境面积为 8494.41 km^2，共 13 个辖区，其中江岸区、江岸区、硚口区、汉阳区、武昌区、洪山区、青山区为中心城区。为了便于说明城市中心区发展模式的不同对各个区域的影响，本研究选取 7 个中心城区中的 5 个代表区域，并在这 5 个中心城区行政区划中各选取 6 km×6 km 的采样区块，作为各区域的代表数据，分析城市中心区布局变化对不同区域环境气候的影响程度。各采样区块位置及尺度大小如图 3-17 所示。

这 5 个采样区域各有特色，其中青山区地理位置为北纬 30°37′，东经 114°26′。境域地处长江中游南岸，位于武汉市常年下风向的位置。洪山区

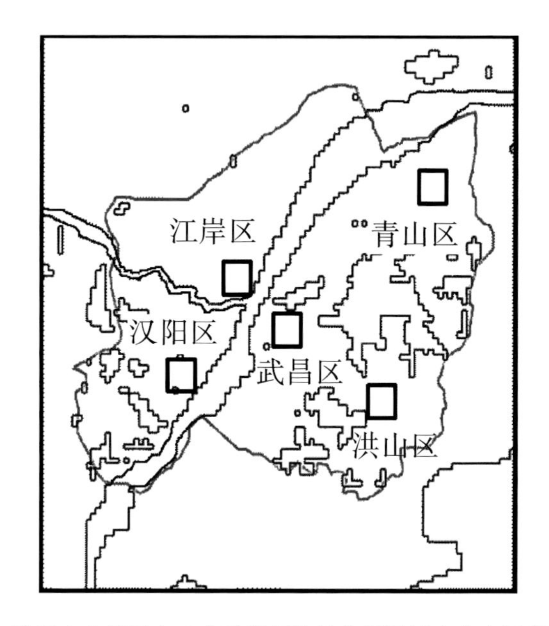

图 3-17　武汉中心城区内 5 个采样区块的位置及尺度大小示意图(自绘)

位于东湖之滨,是武汉市以城带郊的中心城区,地处武汉夏季主导风向上风向。武昌区地处武汉市城区东南部,与汉口区、汉阳区隔江相望,所选区块为长江东南面临江区域,夹于长江和东湖之间。江岸区位于长江、汉江北岸,沿岸区域受江风影响较大,由于商业较为发达,为建筑密度、容积率较大的区域。汉阳区地处武汉市西南部,位于汉江南岸和长江北岸区域。从图上可以看出,在各区域间,汉阳区及江岸区采样区块连线和长江平行,江岸区、武昌区及洪山区采样区块连线同长江走向垂直。

第四章　建筑密度的差异对中心城区气候的影响

本章通过对模拟案例的分析，探讨夏季武汉中心城区建筑密度的差异对城区气候的影响。为了达到这一目的，针对不同的建筑密度设定了5组案例进行模拟，模拟所需的气象边界条件使用的是2011年8月12日至2011年8月15日武汉气象数据。本章将从中心城区气温、能量得失平衡、风速风向、热岛效应以及风速对热岛效应的缓解效果等几个方面探讨中心城区建筑密度对城市气候环境的影响。

第一节　案例及边界条件设定

根据武汉市2006年至2020年城市总体规划，将容积率及人工排热值固定（取2020年目标值），仅改变中心城区内建筑密度及绿化率，以期得到建筑密度及绿化率与城市中心城区气温、风速、显热收支及潜热收支的关系。在充分理解武汉市2006年至2020年城市总体规划的前提下，根据基于中尺度气象模型WRF的城市冠层模型特性，建立5组案例，其中案例2取2020年目标值，详见表4-1。为了得到中心城区建筑密度及绿化率同城市环境气候之间清晰明确的关系，城市其他特征因素（容积率及人工排热值）取固定值（取2020年目标值），详见表4-2。

表4-1　建筑密度及绿化率对中心城区气候影响研究案例设定之一

要　素	强　度	Case1	Case2	Case3	Case4	Case5
建筑密度/(%)	强度1&2区	40	50	60	70	80
	强度3区	35	45	55	65	75
	强度4&5区	20	30	40	50	60

续表

要　　素	强　　度	Case1	Case2	Case3	Case4	Case5
绿化率/(%)	强度 1&2 区	40	30	20	10	0
	强度 3 区	45	35	25	15	5
	强度 4&5 区	50	40	30	20	10
屋顶宽度/m	强度 1&2 区	45.0	55.0	65.0	75.0	85.0
	强度 3 区	39.0	34.0	41.0	48.0	80.0
	强度 4&5 区	17.0	24.0	25.0	38.0	45.0
城市非绿化用地占比	强度 1&2 区	0.60	0.70	0.80	0.90	1.00
	强度 3 区	0.55	0.65	0.75	0.85	0.95
	强度 4&5 区	0.50	0.60	0.70	0.80	0.90
道路宽度/m	强度 1&2 区	10.0	10.0	10.0	10.0	10.0
	强度 3 区	10.0	10.0	10.0	10.0	10.0
	强度 4&5 区	10.0	10.0	10.0	10.0	10.0

表 4-2　建筑密度及绿化率对中心城区气候影响研究案例设定之二

要　　素	强度 1&2 区	强度 3 区	强度 4&5 区
容积率	3.5	2.5	1.5
建筑高度/m	21.0	18.0	15.0
人工排热值/(W/m^2)	140	60	40

本研究模拟 2011 年 8 月 12 日至 2011 年 8 月 15 日间的不同城市空间布局下的气候情况，取 8 月 15 日的结果作为代表数据分析讨论。边界条件通过调用 National Center for Atmospheric Research(NCAR)NECP/NCAR fnl 全球气象数据，输入当天的气候数据作为初始值进行模拟计算。

第二节　建筑密度的差异对中心城区热环境的影响

城市建筑密度的改变会引起城市冠层内街峡比例的变化。城市建筑密度较小时，空地及绿地比例相应较大，这种情况一方面有利于城市特别是中

心城区的通风，但是另一方面，建筑间距较大可能会减弱建筑之间的遮挡效果，进而造成城市内温度的升高，特别是在夏季太阳高度角较大时这一现象尤为明显。为了定量化地分析这种差异造成的气温变化，现对5组案例模拟数据进行分析，得到如下结果。

图4-1给出基础案例(Case2)0400 LST[图4-1(A)]、1500 LST[图4-1(B)]、1700 LST[图4-1(C)]、2200 LST[图4-1(D)]Domain3内2 m高度处气温及10 m高度处风速模拟结果。由于城市下垫面材质多为蓄热材料，造成城市内高温时间段同太阳辐射强度最强时间段的延迟。

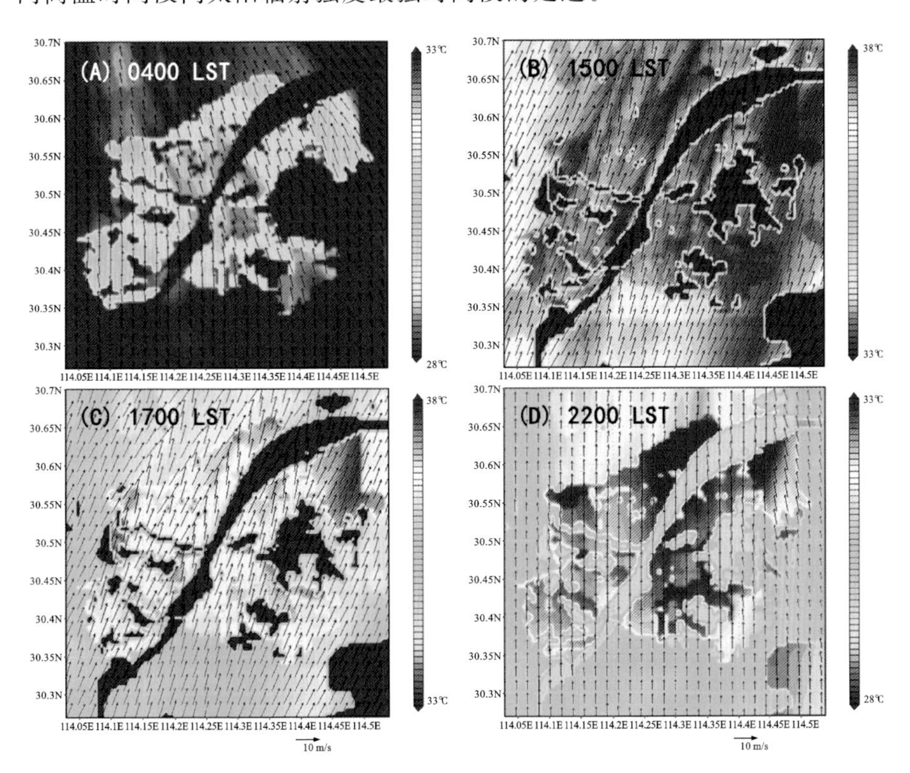

图4-1　基础案例(Case2)：(A)0400 LST、(B)1500 LST、(C)1700 LST、(D)2200 LST Domain3内2 m高度处气温及10 m高度处风速模拟结果(自绘)

城市内高温发生在下午15点前后，而非太阳辐射强度最强的正午12点左右，这通过比较图4-1(B)和图4-1(C)可以发现。并且由于城市下垫面材料的属性特点,造成下午 15 点的城市城区内气温和郊外气温差异较大。而通过分析图 4-1 的 4 幅图可以发现,城、郊的最大气温差别发生在夜间 22 点左右,详见图 4-1(D)。这同城市热岛理论中夜间城市热岛强度高于白天的观点一致。城市热岛问题将在本章第五节中进行详细的分析和讨论。

从图 4-1 中可以看出,各个时间段城区内的高温区域多集中在该时刻的下风向区域,这可以理解为是高温空气顺着气流在下风向区域聚集的结果。由于模拟过程中没有依照实际情况考虑区分不同区域人工热排放量的差别,所以在模拟结果中,区域温度高低差异仅由其所在地理位置、海拔高度及同主导风向的位置关系等非人为因素引起。

由于一直处于武汉夏季主导风向的下风向区域,青山区片区无论在凌晨 4 点、正午 12 点、下午 15 点及 17 点还是夜间 22 点左右,都处于中心城区中温度较高的区域内。同时可以发现,无论城市北面、西北面还是东北面,都是主要的城市夏季散热方向,这些方位在武汉的夏季有较好的散热效果。

为了说明建筑密度的差异对气温的影响,将各案例中心城区 2 m 高度处气温值减去基础案例(Case2)中心城区 2 m 高度处气温值,结果显示于图 4-2。气温比较结果节选午夜 0 点、正午 12 点、傍晚 18 点及夜晚 23 点 4 个各具特点的时间段作为代表。

在午夜 0 点至清晨 8 点的时间段,有明显气温差的区域主要集中在该时段几条主导风向风道上,并且建筑密度越大、气温越高,同时案例之间温度差越大。这主要是因为在建筑密度大的案例中,城市冠层内能够接受辐射的受热面面积更大,蓄热体体积更大,因而白天蓄热量更大,夜晚和黎明前放出更多的热量,致使气温更高。

在早上 9 点至下午 17 点的时间段,有明显气温差的区域主要集中在城市正中的位置。这一时间段太阳短波辐射逐渐增强,城市由午夜降温冷却状态慢慢开始升温,各案例间气温差还没形成,直到正午 12 点辐射强度最大时,热量在中心地区聚集,建筑密度越大的案例中心地区气温越高,气温差越大。

在这一时间段,Case1[图 4-2(A)]、Case3[图 4-2(B)]与基础案例 Case2 等值变化,但是在这一时间段内,Case1 与 Case2 的气温差明显高于 Case3

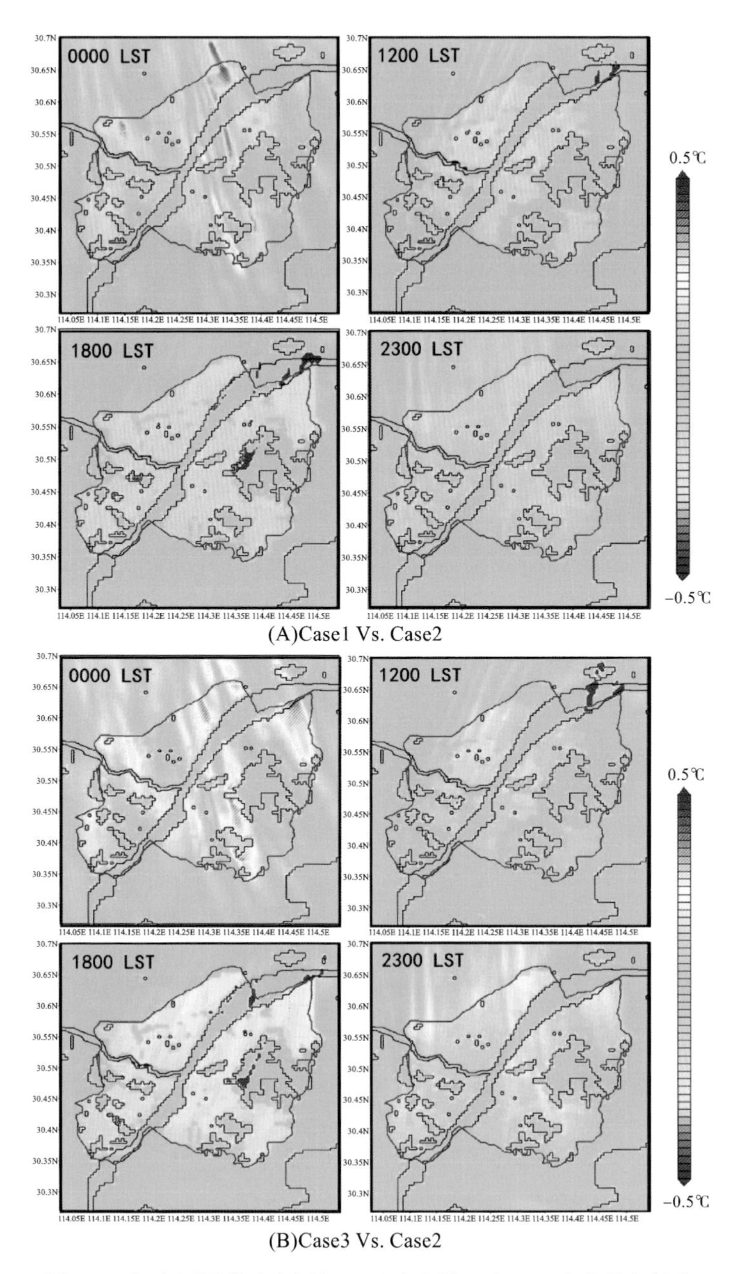

图 4-2　各案例同基础案例(Case2)中心城区内 2 m 高度处气温值比较结果[水体部分不参与比较(自绘)]

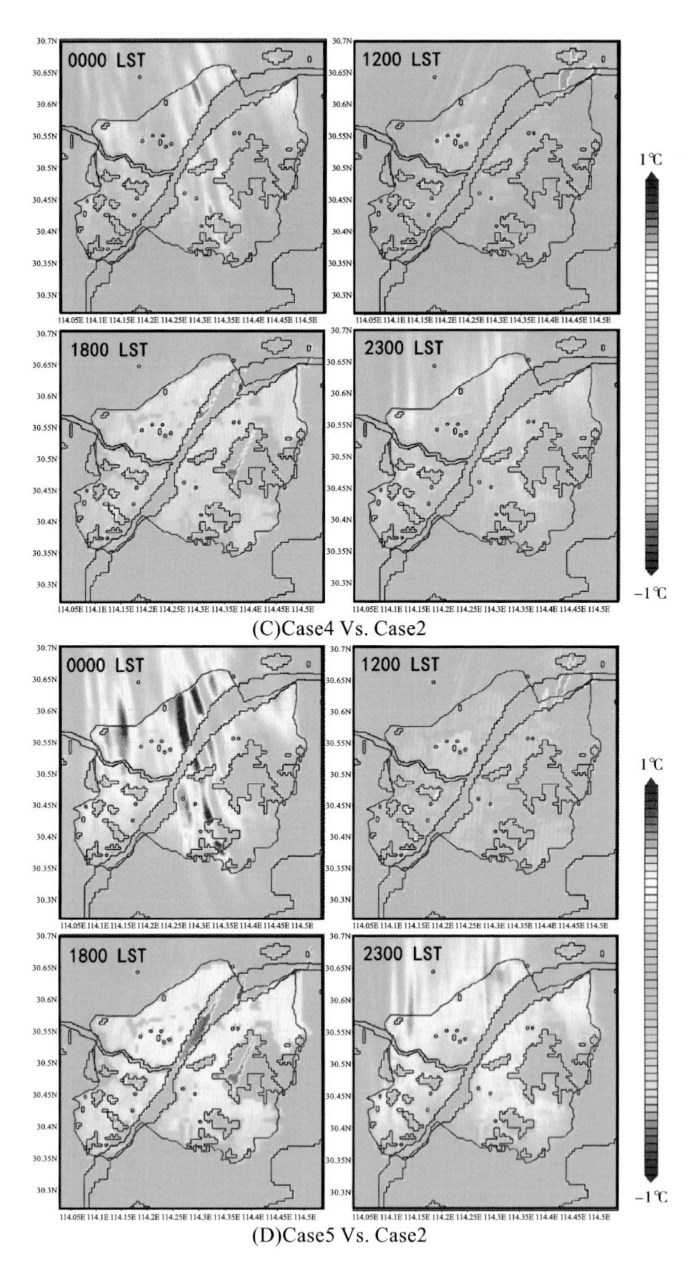
0000 LST
1200 LST
1800 LST
2300 LST
30.7N
30.65N
30.6N
30.55N
30.5N
30.45N
30.4N
30.35N
30.3N
114.05E 114.1E 114.15E 114.2E 114.25E 114.3E 114.35E 114.4E 114.45E 114.5E
1℃
−1℃
(C)Case4 Vs. Case2
0000 LST
1200 LST
1800 LST
2300 LST
1℃
−1℃
(D)Case5 Vs. Case2

续图 4-2

与 Case2 的气温差。这在某一方面说明，Case2 所设定的建筑密度值相对这一时间段的气温变化接近临界值，如果高于这一临界值，则升温效果逐渐趋于平缓。另外值得一提的是，在正午 12 点时，Case5[图 4-2(D)]与 Case2 的气温差低于 Case4[图 4-2(C)]与 Case2 的气温差。这一现象可以理解为，Case4 和 Case5 之间存在建筑密度的拐点值，高于这一建筑密度后，由于建筑物间的遮阴效果，在太阳短波辐射最强的时间段反而气温更低。

在傍晚 18 点左右，城市全境内具有基本一致的气温差(与基础案例气温之差)，建筑密度越大的案例同基础案例之间的气温差越大，Case5[图 4-2(D)]全境内的气温差达到 0.8 ℃左右。傍晚 18 点左右，城市全境处于受热均匀后的放热状态，日落后太阳短波辐射量趋于零。在这种情况下，城市内气温高低受城市内蓄热材料放热量的影响更大，建筑密度高的案例蓄热总量更高，从而在放热时放热量更大(城市下垫面材质一致)，故而建筑密度越大的案例在这一时刻同基础案例之间的气温差越大。

傍晚 18 点以后，各案例同基础案例之间的气温差不及清晨前那段时间的大。清晨前是一天内气温最低的时间段，城市气温降到最低值，在这样更趋于临界的状况下，建筑密度大的案例蓄积在街峡内的热量更多，且不能得到充分散失，故而在这段时间内，建筑密度的高低对城市内气温的影响更大。

根据图 4-2 显示的模拟结果归纳总结可知，为缓解武汉中心城区夏季高温，需要将建筑密度控制在一个临界范围内，一方面可以在正午前后 3 小时左右的时间段内对太阳短波辐射起到遮挡作用；另一方面，也需要满足夜间城市内的通风要求，否则会影响散热，造成废热的聚集，并产生长期累积的不良后果。

图 4-1、图 4-2 给出的都是直观的气温或气温差分布结果。图 4-3 将给出武汉市 5 个区域内采样点的气温值，并比较每个区域在不同的建筑密度条件下气温的变化情况。这 5 个区域分别是垂直于长江，从东至西排布的洪山区、武昌区，沿着长江走向自北向南排布的江岸区、汉阳区，以及长期处于夏季风主导风向下风处的青山区。详细结果显示于图 4-3 内。

如图 4-3 所示，洪山区[图 4-3(A)]及汉阳区[图 4-3(C)]接近城市边缘

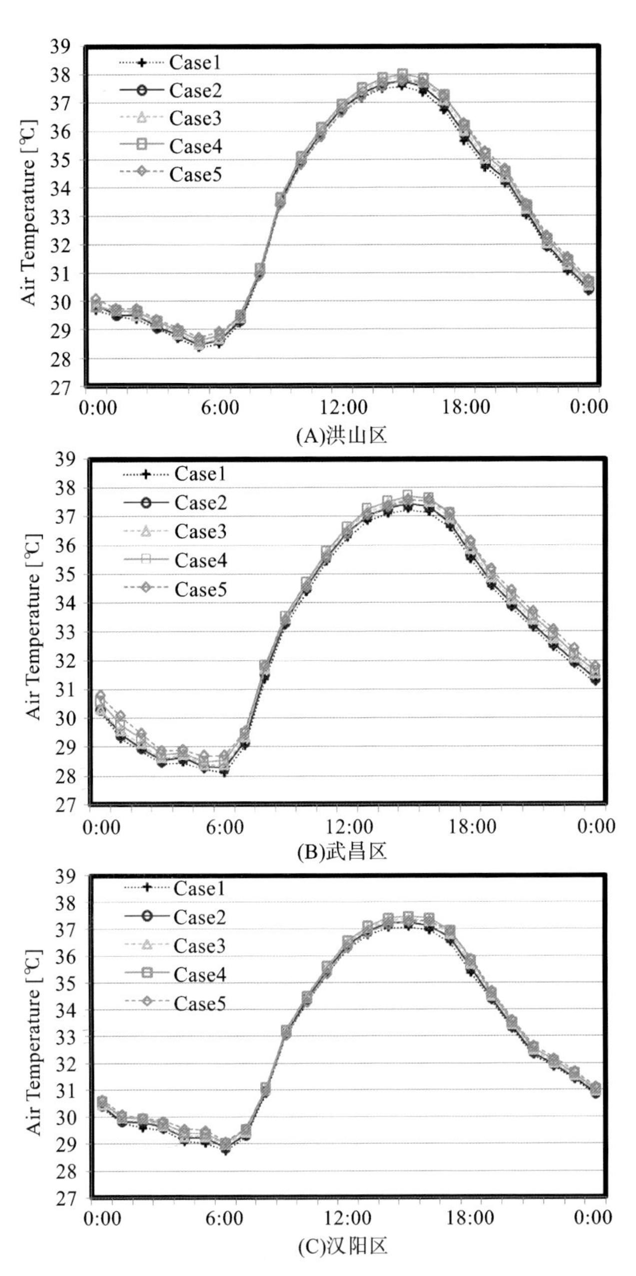

图 4-3　武汉市内洪山区、武昌区、汉阳区、江岸区及青山区采样点不同建筑密度条件下 2 m 高度处气温日变化值(自绘)

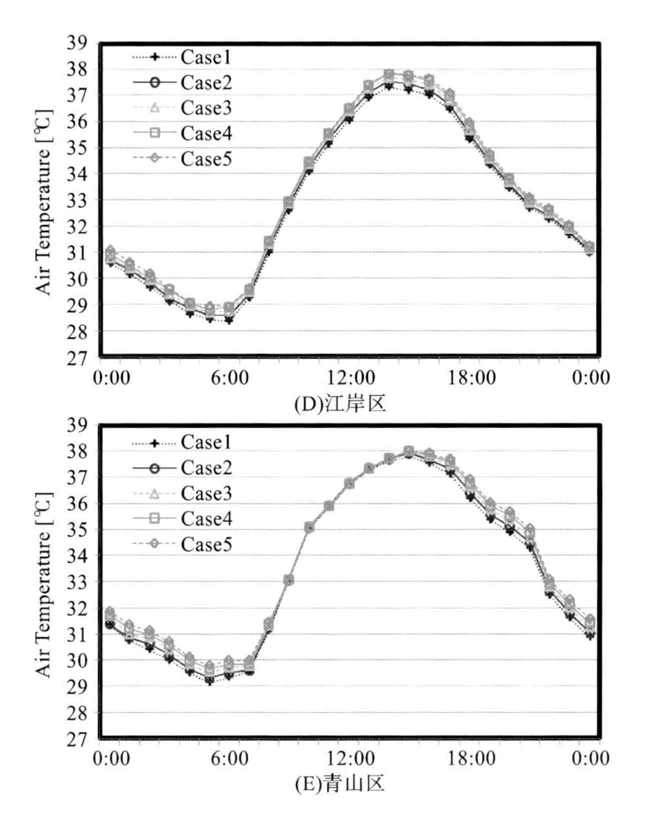

续图 4-3

的区域在不同建筑密度情况下的气温变化较小，并且出现较为明显的温差是在下午 17 点左右。然而，虽然青山区[图 4-3(E)]也位于接近城市边缘区域的位置，但在夜间不同建筑密度情况下的气温差别非常明显，在夜晚 21 点左右，最大温差可超过 1 ℃。说明这一区域若要解决高温问题，必须注意区域内的通风，这一区域不适宜建设高密度建筑群。

武昌区[图 4-3(B)]及江岸区[图 4-3(D)]分别位于长江东西两侧接近长江岸边的区域，这两个区域都有一个共同特点，即由于建筑密度不同，一天内气温差别最大的时间段都在正午 1～2 小时之后，并且在夜晚时间段的气温差别也不是很大，这种现象是否与江风降温有关，有待进一步探讨。

由于城市化的原因，城市地面材料属性改变，自然下垫面因其导热率、热容量、热导强度较低，在白天高温辐射情况下，升温快速、明显，夜晚放射冷却现象同样明显。而城市下垫面因其导热率、热容量、热导强度较大，在白天高温辐射情况下，升温不明显，大量热量被蓄积，并在夜晚温度较低时释放出来，这也是夜晚城乡温差更大的原因。因而会对构成辐射平衡的各个分量都产生影响。

一般来说，建筑密度改变总的效应对净辐射量的影响并不会太大，但在显热量交换、潜热量交换以及下垫面内部蓄热量方面可能会产生明显的影响。本节试图通过数据模拟，定量化地得到建筑密度变化后造成下垫面结构变化、蓄热量改变，从而带来能量平衡变化的能量平衡日变化曲线。Case1 至 Case5 的结果依次分别显示于图 4-4(A)、图 4-4(B)、图 4-4(C)、图 4-4(D)、图4-4(E)中。

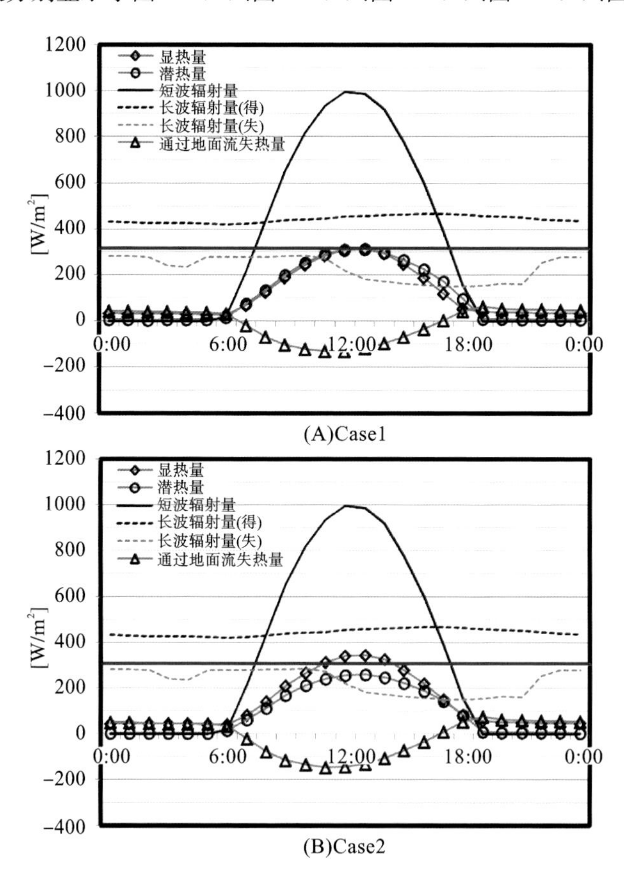

图 4-4　不同建筑密度下武汉中心城区内能量平衡日变化曲线(自绘)

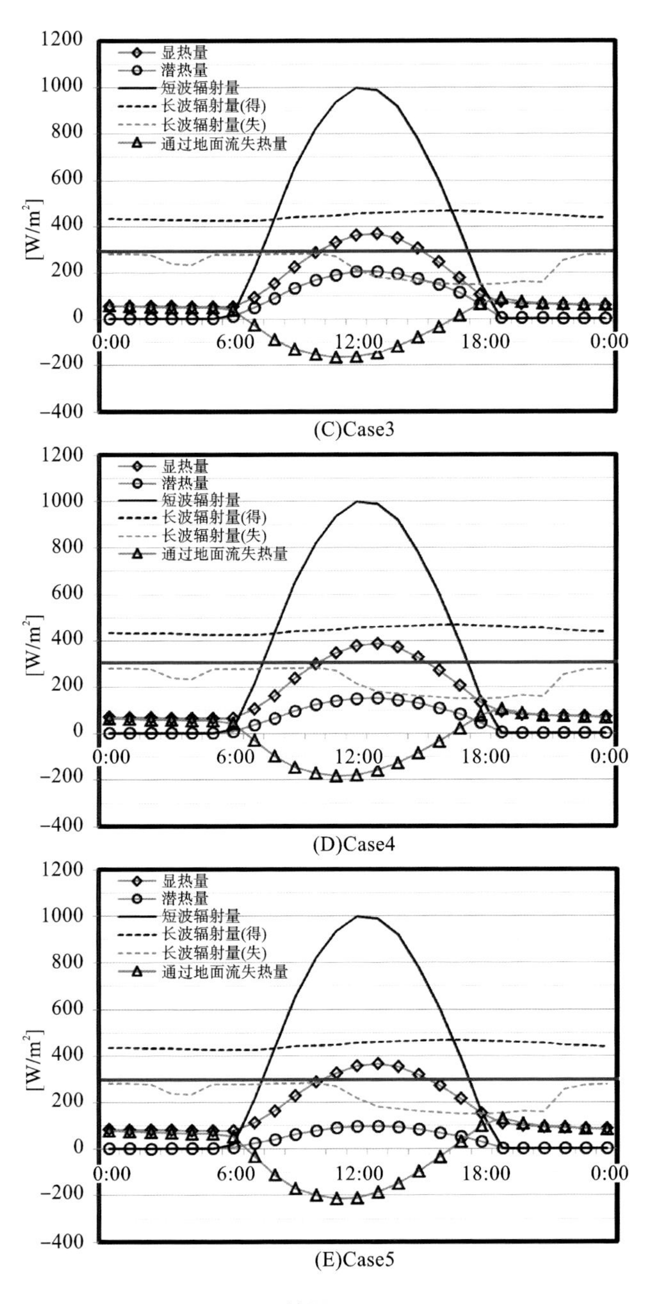

1200
1000
800
600
400
200
0
-200
-400
[W/m^2]
显热量
潜热量
短波辐射量
长波辐射量(得)
长波辐射量(失)
通过地面流失热量
0:00
6:00
12:00
18:00
0:00
(C)Case3
(D)Case4
(E)Case5

续图 4-4

如图 4-4 所示，建筑密度改变引起的最大改变是显热量，随着建筑密度的增加，显热量的全境平均值的幅度有明显的增高，然而随着建筑密度的进一步增加，Case5 的显热量相较于 Case4 有小幅度的下降。分析其原因，可能是由于遮挡效果，造成 Case5 地表面的温度低于 Case4。这也是 Case5 的气温会在这一时间段略低于 Case4 的根本原因。另外有明显幅度变化的是潜热量，植被由于蒸发及蒸腾的综合作用，通过水分的蒸发带走潜热量，随着建筑密度的增加，绿地率相应降低，这是潜热量降低的主要原因。潜热量的排放不会造成周围环境明显的温度变化，但能带走地表的大量热量，这是非常理想的降温方式，因此，在可能的情况下，最大限度地增加城市区域内的植被面积能有效地降温散热。除了显热量、潜热量的明显变化，建筑面积的增长也会引起通过地面流失的热量增长。

第三节　建筑密度的差异对中心城区风环境的影响

建筑密度的改变自然会引起气流速度甚至方向上的改变，这会带来城市内风速及风向的改变。本节将主要探讨建筑密度的差异对风速及风向的影响。

图 4-5 给出了凌晨 4 点[图 4-5(A)]、上午 9 点[图 4-5(B)]、下午 15 点[图 4-5(C)]及夜晚 22 点[图 4-5(D)]4 个采样时间点 Domain3 全境内 5 个不同建筑密度案例 10 m 高度处风速、风向比较结果。各案例比较而言，明显的风速、风向差别主要发生在 Domain3 的北部区域下风向位置，在武汉市中心区北部。由图 4-5 可发现，建筑密度越大则风速越大，正午之后甚至会带来风向的改变。这种建筑密度越大风速越大的情况，很大程度上是由于建筑密度大的案例气温较高，因而有更高的空气动能，故风速更大。从凌晨 4 点到夜晚 22 点，风向从东南风、西南风向南风变化。10 m 高度处的风速一天内最大时刻出现在午后 15 点气温最高的时间段，这一段时间内由于气温最高，动能相应最大，因而风速最大。

和探讨建筑密度改变对气温的影响一样，我们试图取武汉市内 5 个区域内采样点的 10 m 高度处风速值，通过比较讨论的方式，定量化地研究不同

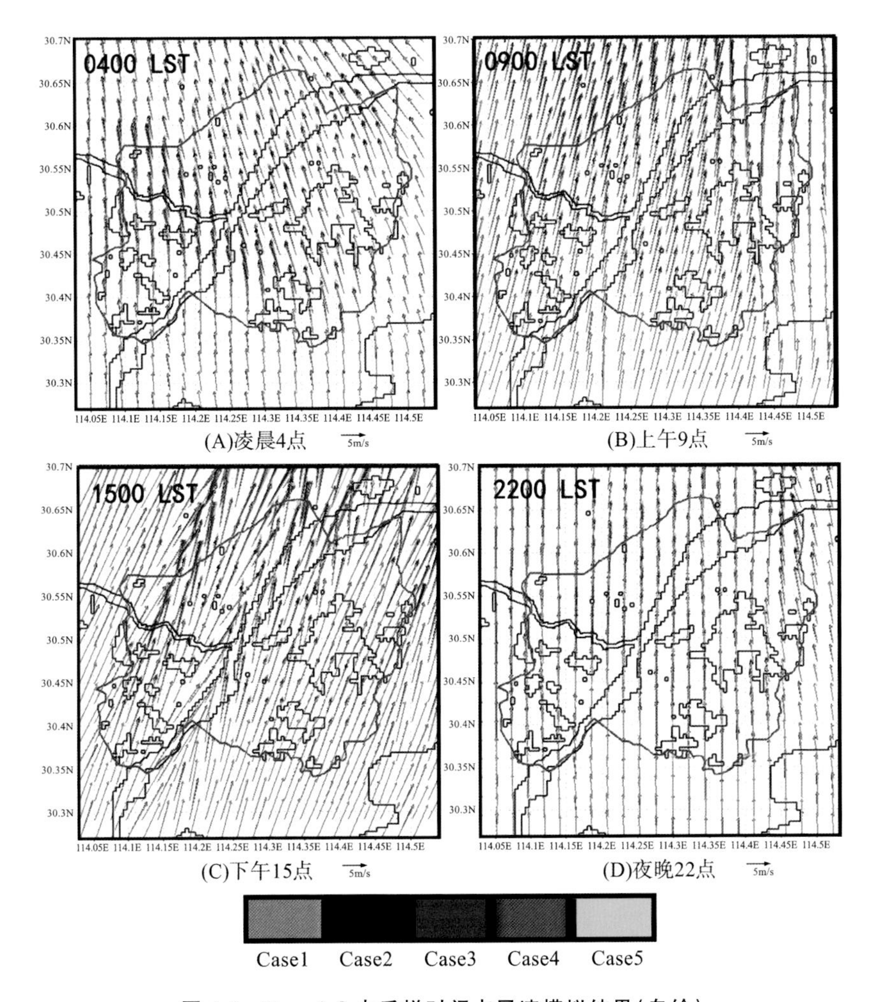

图 4-5　Domain3 内采样时间点风速模拟结果(自绘)

建筑密度条件下,风速在武汉中心城区内的变化特点。

这 5 个区域分别是垂直于长江,从东至西排布的洪山区、武昌区,沿着长江走向自北向南排布的江岸区、汉阳区,以及长期处于夏季风主导风向下风处的青山区。

图 4-6 分别给出 5 个采样区域各个案例 10 m 高度处风速,由图中结果可知,随着建筑密度的增加,风速也越来越大。

洪山区[图 4-6(A)]案例间最大风速差可达 2 m/s,最大风速差发生在

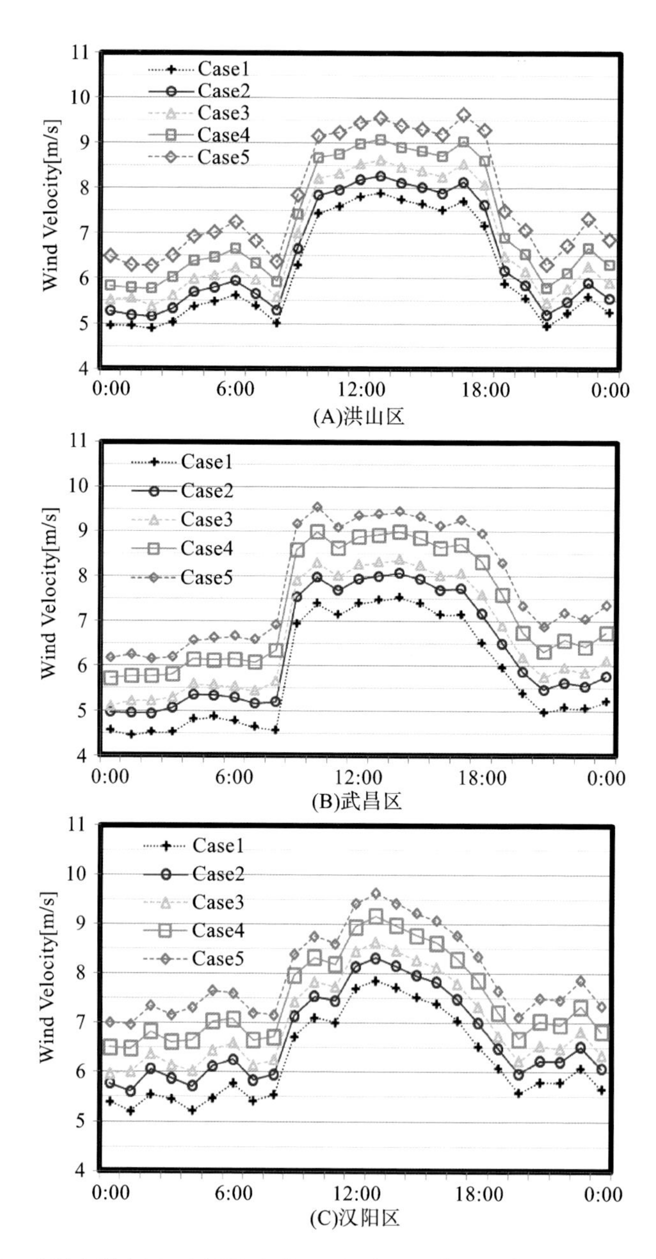

图 4-6　武汉市洪山区、武昌区、汉阳区、江岸区及青山区内采样点不同建筑密度条件下 10 m 高度处风速日变化值(自绘)

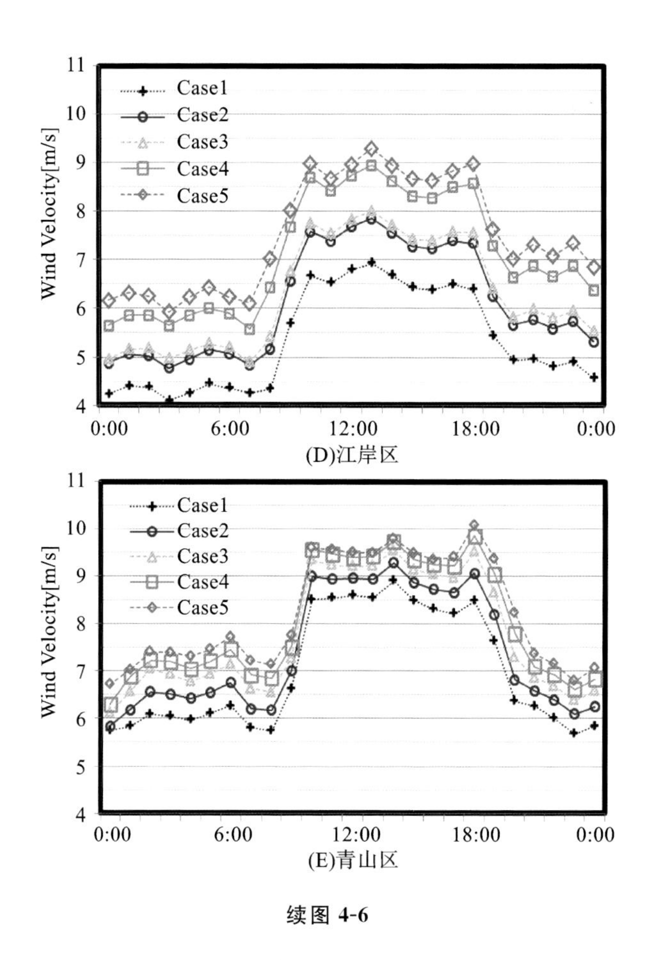

续图 4-6

傍晚 18 点左右，最小风速差发生在凌晨 1 点，差值为 1.5 m/s。武昌区[图 4-6(B)]案例间最大风速差可达 2.5 m/s，最大风速差发生在傍晚 18 点左右，最小风速差发生在午夜 0 点，差值为 1.5 m/s。汉阳区[图 4-6(C)]案例间最大风速差可达 2.2 m/s，最大风速差发生在凌晨 5 点左右，最小风速差为 1.6 m/s 左右，在晚上 20 点左右。江岸区[图 4-6(D)]案例间最大风速差可达 2.7 m/s，最大风速差发生在早上 8 点左右，最小风速差为 1.8 m/s，发生在凌晨 2 点左右。青山区同洪山区和武昌区一样，案例间最大风速差发生在傍晚 18 点左右，差值在 1.6 m/s 左右，最小风速差发生在午夜 0 点左右，差值为 1 m/s。在洪山区、武昌区及汉阳区，建筑密度等幅增加时，各案例间风速增长幅度也基本相等。在江岸区、青山区，建筑密度等幅增长时，Case4到Case5的增长幅度较其他案例间的增长幅度明显缩小。特别是青山区，和其他区域相比，风速变化受建筑密度变化影响相对小许多。说明当风速值较大时，建筑密度变化对风速增长影响不大。

图4-7显示的是等幅增加的建筑密度变化带来的城市10 m高度处风速

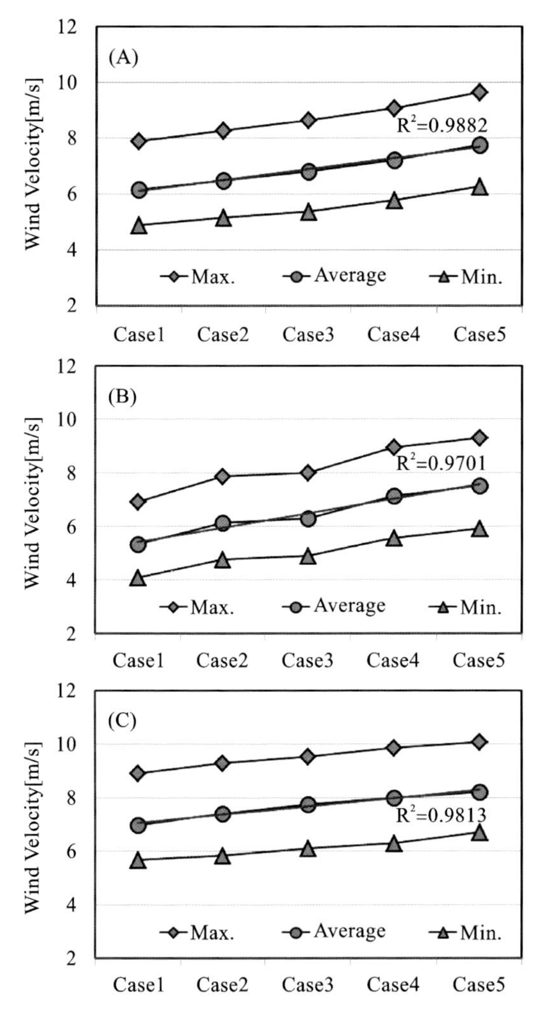

图4-7　武汉市洪山区、江岸区以及青山区10 m高度处风速随建筑密度变化趋势图(自绘)

值的变化情况。表 4-3 显示的是等幅增长的建筑密度带来的风速值变化线性关系相关度(用 R^2 值说明),相关度高的情况说明等幅增长的建筑密度带来近似等幅的风速值变化。

表 4-3　等幅增长的建筑密度带来的风速变化线性关系相关度

区　　域	Max.	Average	Min.
洪山区	0.9919	0.9882	0.97
江岸区	0.9617	0.9701	0.9687
青山区	0.9934	0.9813	0.9749

图 4-7 分别节选了洪山区、江岸区及青山区采样结果 10 m 高度处风速值。各采样区存在一些相同的变化规律,例如,等幅增长的建筑密度带来近似等幅的风速增长。究其原因,应该同建筑密度增长(街道宽度不变)带来的温度升高有关,更高的温度带来更大的空气动能,从而造成风速提高。不同的是,洪山区同江岸区存在相近的风速变化幅度,而青山区的风速偏大,但变化幅度偏小,说明这一区域风环境较市区中心或靠近中心位置的区域更好,但风速变化受建筑密度的影响敏感度不大。表 4-3 中罗列的各类情况 R^2 值说明,风速随着等幅增长的建筑密度等幅变化趋势较明显($R^2>0.94$)。

图 4-8 给出午夜 0 点、凌晨 3 点、上午 9 点及下午 15 点不同建筑密度下各采样区域 10 m 高度处风速、风向直观比较图。正方形记号代表洪山区风速,菱形记号代表武昌区风速,三角形记号代表汉阳区风速,横线记号代表汉阳区风速,圆形记号代表青山区风速。记号内由浅入深的填色代表由建筑密度较小的案例一到建筑密度较大的案例五的渐变。记号到 NS 轴及 EW 轴的交点距离远近代表风速值的大小,记号与交点连线偏离 NS 轴角度代表风向方向。

图 4-8 中,午夜 0 点风向以南风为主,汇总各个区域风向可以发现这一时刻风从郊外向市中心位置聚集,这主要是由于夜晚郊外温度较低,市区内还没有实现充分散热,从郊外高压低温区域向市中心低压高温区域成风。建筑密度越大的案例风速越大,向市中心聚集的趋势越明显。到凌晨 3 点以后,风向由南风变成东南风,但是向市中心聚集的趋势仍十分明显,并且由于建筑密度的增加,造成风速及中心聚集趋势的加强,依据本书第二章的理

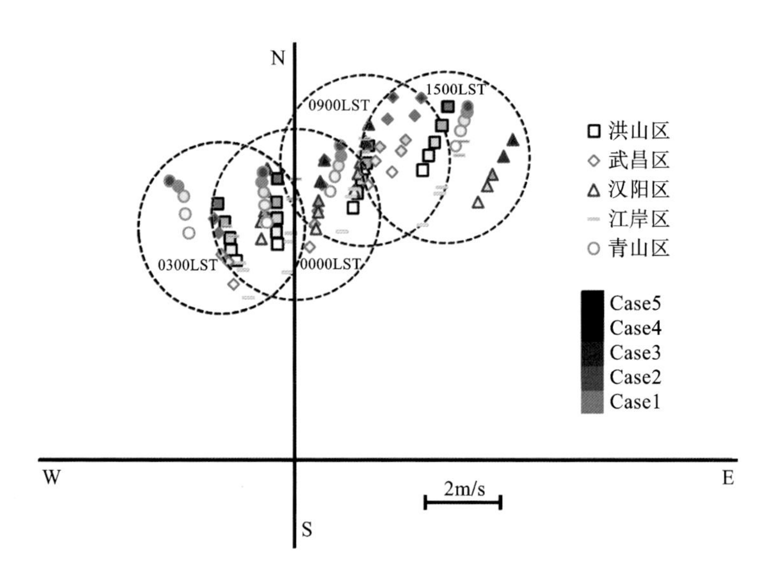

图 4-8 0000 LST、0300 LST、0900 LST 及 1500 LST 不同建筑密度下各采样区域 10 m 高度处风速、风向直观比较图(自绘)

论知识可知,以上现象可能带来更为明显的城市环流,并形成城市大气尘盖,造成废热及污染物的滞留及聚集。在上午 9 点左右,风向从东南方转向西南方向,武汉市西南角区域风速最大,渗透到城市中心区域后风速减小,位于城市东北角的青山区在这一时刻风速最低。并且随着建筑密度的增大,各区域之间的风速差增加,由此可知,由于建筑密度增加,造成气流在城市中受到建筑物的阻碍,风速明显衰减。与上午 9 点左右风通过刚冷却后的城市下垫面不同,到下午 15 点左右,城市下垫面充分受热,城市气温达到最高值,由西南角吹入城市中的风在城市外围形成更高的风速,在中心区域风速相对较小。且在下午 15 点左右,青山区各案例间风速差别不大,建筑密度越大的案例其风向向东南方向偏转更为明显。

第四节 建筑密度的差异对中心城区热岛效应的影响

在本章第二节中,提出建筑密度的增加可能会带来更为明显的城市环

流，并形成城市大气尘埃，造成废热及污染物的滞留及聚集。热量聚集在城市中心区无法散去，造成城市气温高于郊外气温的现象，形成城市热岛。本节中将探讨建筑密度和城市热岛的关系，以及建筑密度的升高对城市热岛强度值的影响。

图 4-9 给出武汉市内洪山区、武昌区、汉阳区、江岸区及青山区 5 个采样区域不同建筑密度下的热岛强度日变化值。由图 4-9(A)可知洪山区城市热岛强度较低，特别是就黎明前这段时间而言，热岛强度和白天的情况基本持平，说明这段时间散热较好。洪山区热岛强度最高值出现在夜间 20 点左右，且入夜后热岛强度值下降很快，这一区域由于接近郊区，更多呈现出类似于郊外的微气候特点。在黎明前及入夜后，这一区域的热岛强度随建筑密度的增加而增加缓慢，可理解为由于地处城郊边缘地区，夜晚城郊的冷空气能充分渗透到这片区域，利于废热的散发，建筑密度的增加也不会过多地影响到冷空气的渗入。白天这一区域的热岛强度值会随着建筑密度的增加而升高，到一定程度后呈下降趋势，说明密度过大后形成建筑物之间的遮挡覆盖，导致气温下降，因而热岛强度下降。武昌区[图 4-9(B)]位于接近市中心的位置，城市热岛现象较洪山区更为明显，特别是在黎明前和入夜后这段时间，且直到午夜，热岛强度值也没有明显的下降趋势，因而可以判断出，在这一区域势必有废热日复一日累积，城市热岛问题将不断恶化。和洪山区的情况一样，白天这一区域的热岛强度值会随着建筑密度的升高而升高，到一定程度后呈下降趋势，说明密度过大后形成建筑物之间的遮挡覆盖，导致气温下降，因而热岛强度下降。随着建筑密度的改变，城市热岛强度升高，这种升高在夜间最为明显，最大热岛强度差可达 0.8 ℃。汉阳区[图 4-9(C)]的热岛现象在黎明前这段时间较为明显，夜晚热岛强度较黎明前偏低，且汉阳区热岛强度随建筑密度的增加而增加的现象并不如其他区域那么明显，特别在建筑密度已经达到一定值之后，进一步的增加对热岛强度的改变已经不大，大概仅有 0.1～0.3 ℃的影响。究其原因，大致同洪山区类似，由于其所在位置位于城市边缘处，热岛效应不及城市中心位置的区域那么严重。位于市中心位置的江岸区[图 4-9(D)]，城市热岛强度随建筑密度升高而升高的现象非常明显，特别当建筑密度较低时，建筑密度的增高能带来非常明

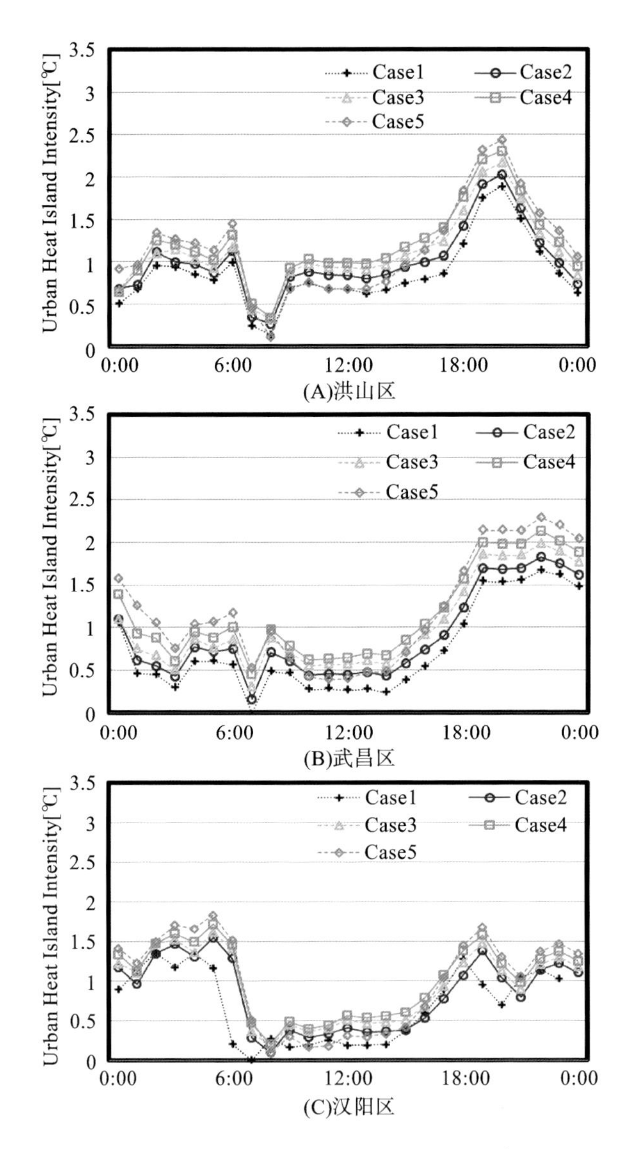

图 4-9 武汉市洪山区、武昌区、汉阳区、江岸区及青山区内采样点不同建筑密度条件下热岛强度日变化值(自绘)

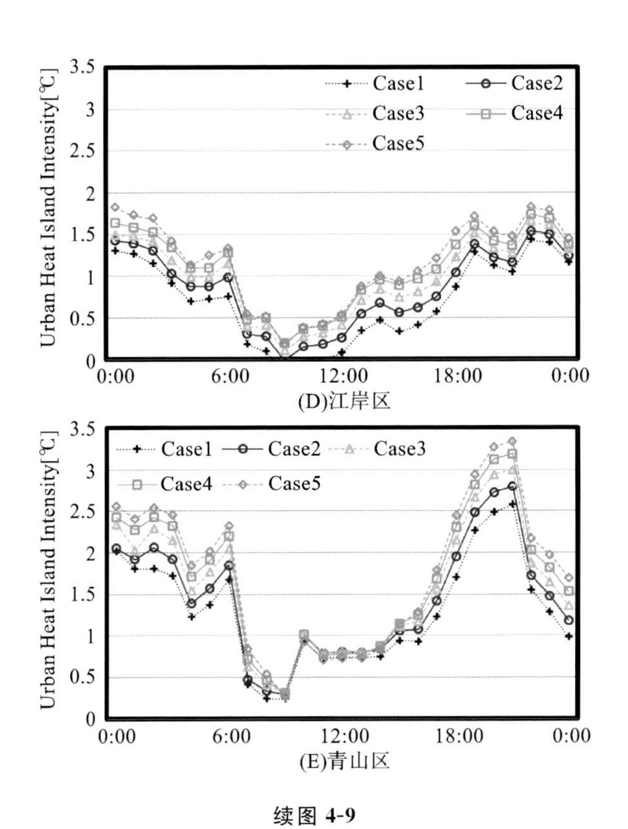

续图 4-9

显的热岛强度增长。类似于其他区域，当建筑密度达到一定值时，继续增长对热岛强度的影响并不大。青山区[图 4-9(E)]的情况比较特殊，它是 5 个采样区域中热岛强度最大的区域，建筑密度的变化引起的热岛强度变化可以达到 1 ℃。夜晚 20 点前后，热岛强度最高值可达 3.3 ℃，白天建筑密度的改变对热岛强度值的影响几乎不存在。

图 4-10 显示的是等幅增加的建筑密度变化带来的城市热岛强度值的变化情况。表 4-4 显示的是等幅增加的建筑密度带来的城市热岛强度变化线性关系相关度(用 R^2 值说明)，相关度高的情况说明等幅增加的建筑密度带来近似等幅变化的城市热岛强度值。

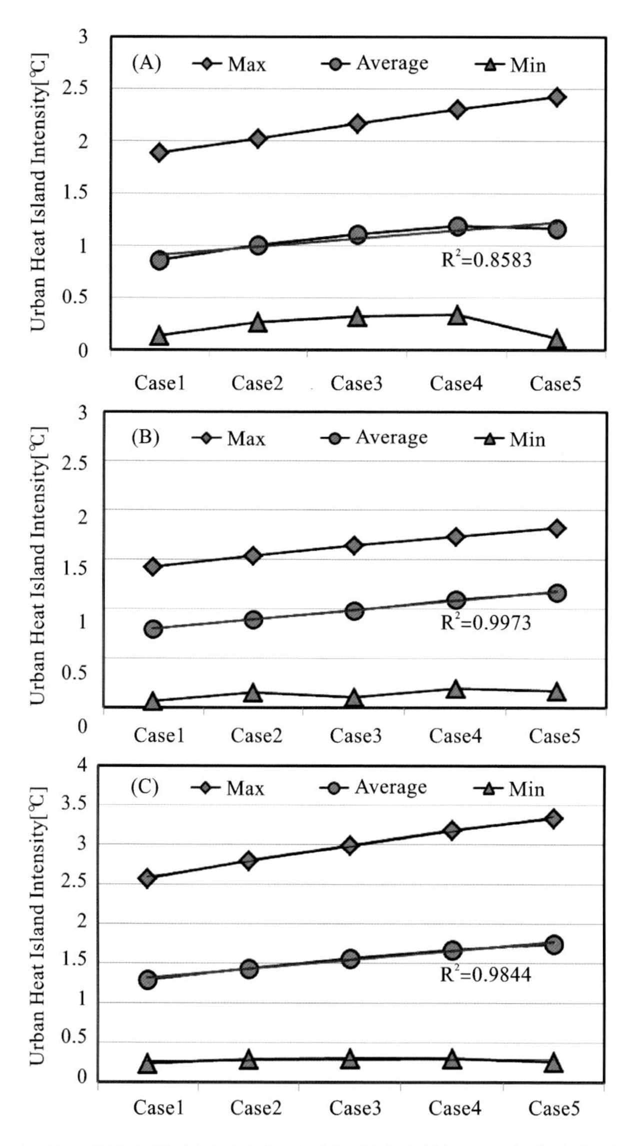

图 4-10 武汉市洪山区、江岸区以及青山区热岛强度随建筑密度变化趋势图(自绘)

表 4-4 等幅增长的建筑密度带来的城市热岛强度变化线性关系相关度

区 域	Max	Average	Min
洪山区	0.9995	0.8583	0.0019
江岸区	0.9959	0.9973	0.5973
青山区	0.9954	0.9844	0.9843

结果仅节选洪山区、江岸区及青山区数据说明问题。由图 4-10 可以看出，建筑密度的增长会对洪山区平均热岛强度值产生直接的影响，并且建筑密度越大，热岛强度值越大，呈现等幅增长的趋势($R^2=0.8583$)，然而受影响最大的还是该区域的最大热岛强度值($R^2=0.9995$)，且带来的热岛强度值升高可达 0.7 ℃。因此，针对洪山区，严格控制建筑密度将很大程度上缓解区域高温、高热岛现象。同洪山区采样结果略有不同，江岸区采样结果显示[图 4-10(B)]这一采样区域的热岛强度值整体偏低，随自变量的增长幅度也是 3 个采样区域中最小的。这一现象的产生可能和这一区域临近江边，受到江风的冷却作用有关，因此，就算该区域位于市中心位置，并且是武汉市最为繁华的商业区之一，热岛问题也并不明显。图 4-10(C)显示的是青山区的采样结果，等幅增长的建筑密度带来等幅增长的热岛强度值($R^2=0.9844$)，且增长幅度是 3 个采样区域中最大的，特别是对最大热岛强度值来说，最大增幅可达 1 ℃。青山区虽然地处城市边缘地带，但热岛强度值却偏高，在 3 个采样区域中是最高的。这一现象的产生可能同其功能属性相关，作为武汉市最大的重工业区域，人工热排放量尤其大，加之该区域又位于城市主导风向的下风位置，城市内废热随着气流聚集在此处，带来不可忽视的城市热岛效应。

为了说明不同建筑密度对城市环境的影响，本节将采样区域各案例的热岛强度及风速的关系表示于图 4-11 至图 4-15 中，y 轴表示热岛强度值，x 轴代表风速值，各案例所有采样点热岛强度(y)和风速(x)关系的线性关系公式显示于图中。斜率越小、在 y 轴上截距越大，说明此城市布局可以通过较小的风速明显缓解城市热岛现象。

图 4-11(A)、图 4-11(B)、图 4-11(C)分别给出了凌晨 4 点、正午 12 点及下午 17 点洪山区内各采样点不同建筑密度案例下热岛强度与风速关系图。

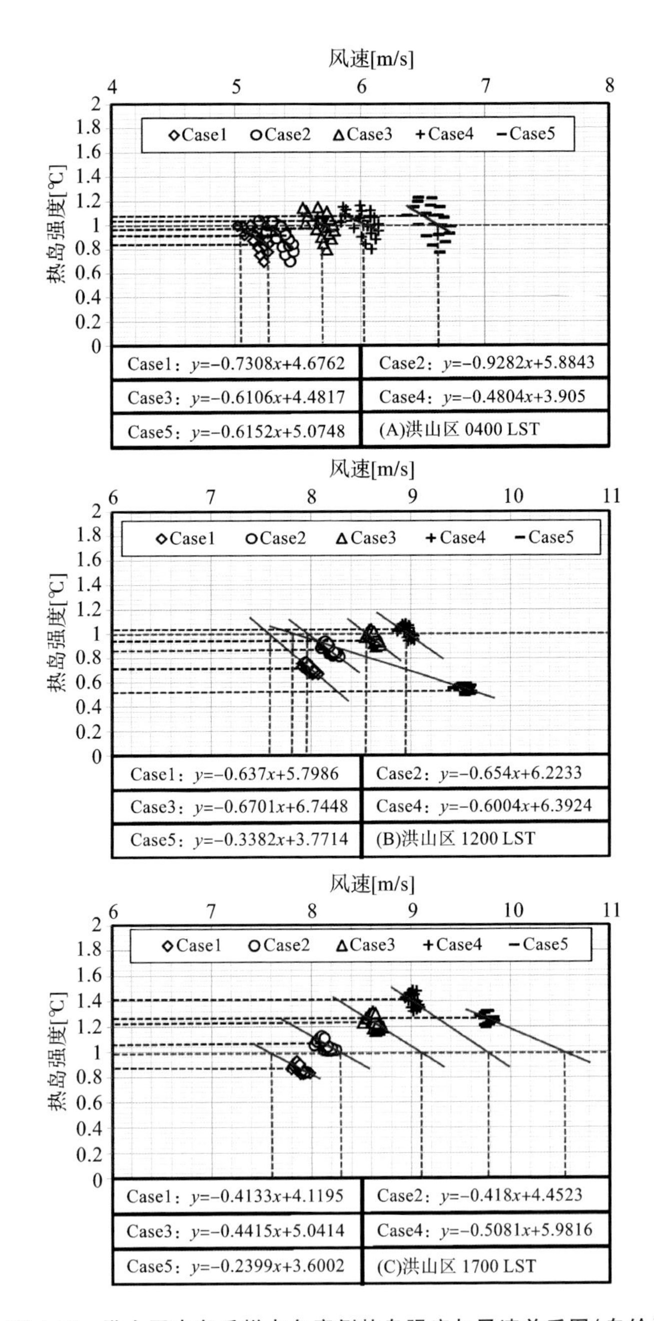

图 4-11　洪山区内各采样点各案例热岛强度与风速关系图（自绘）

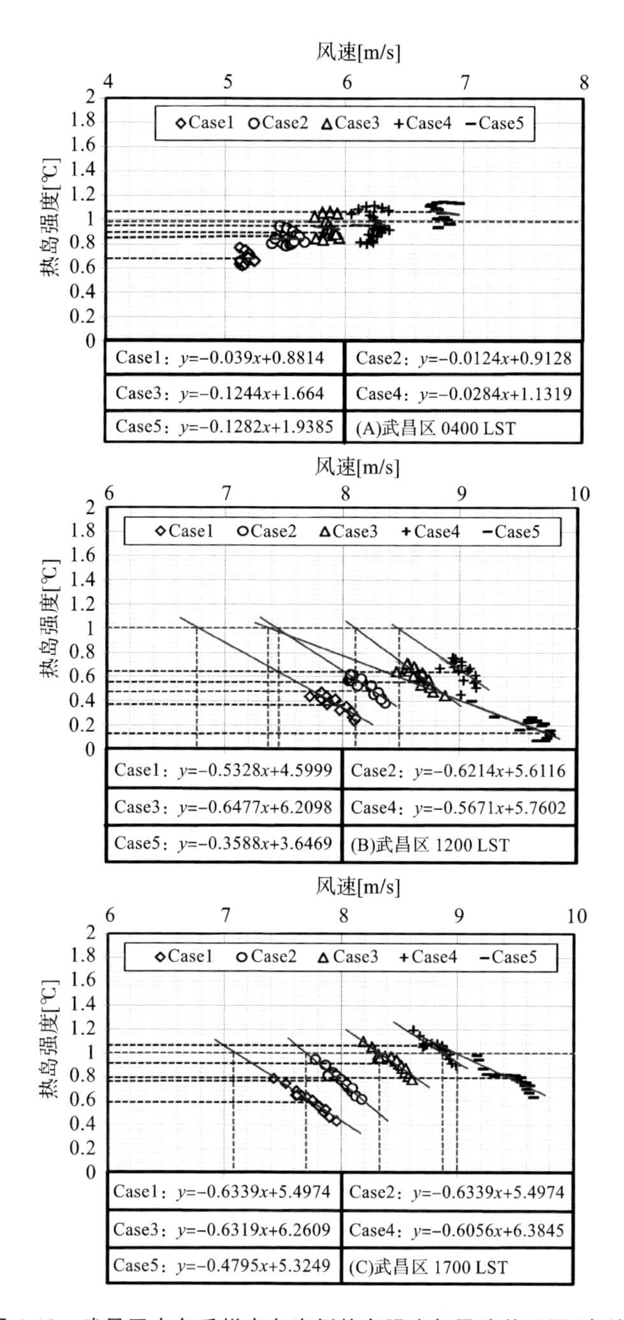

图 4-12　武昌区内各采样点各案例热岛强度与风速关系图(自绘)

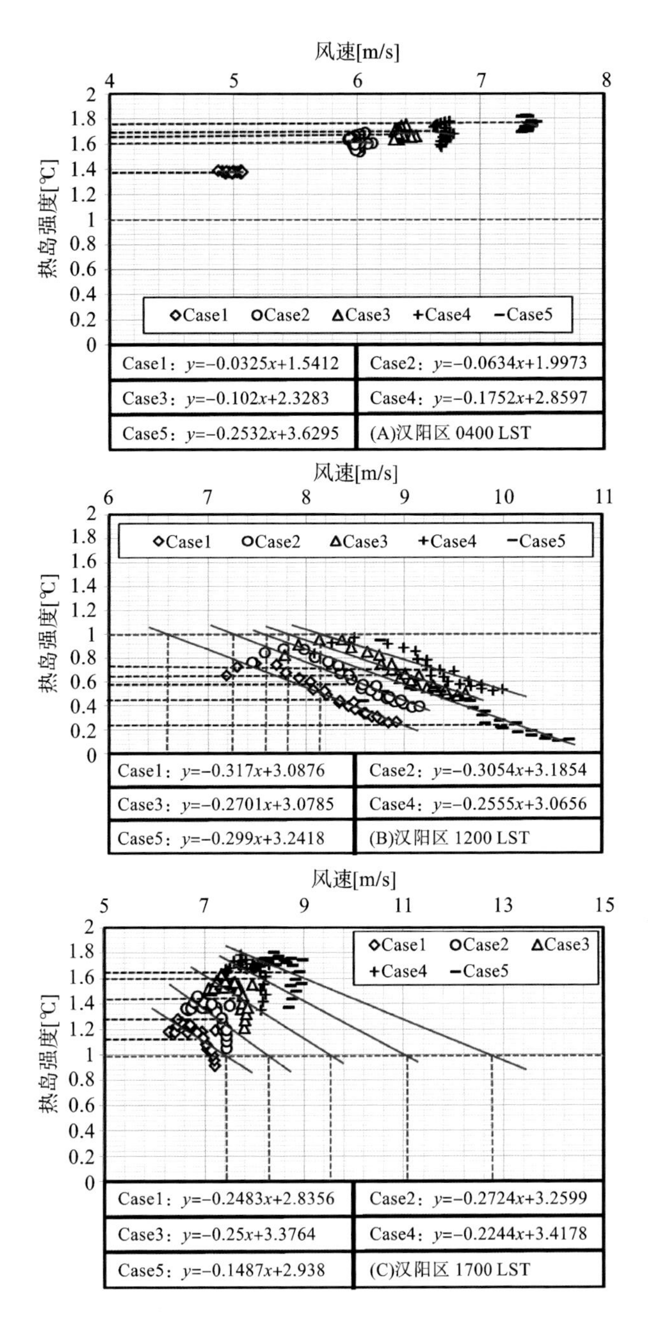

图 4-13　汉阳区内各采样点各案例热岛强度与风速关系图(自绘)

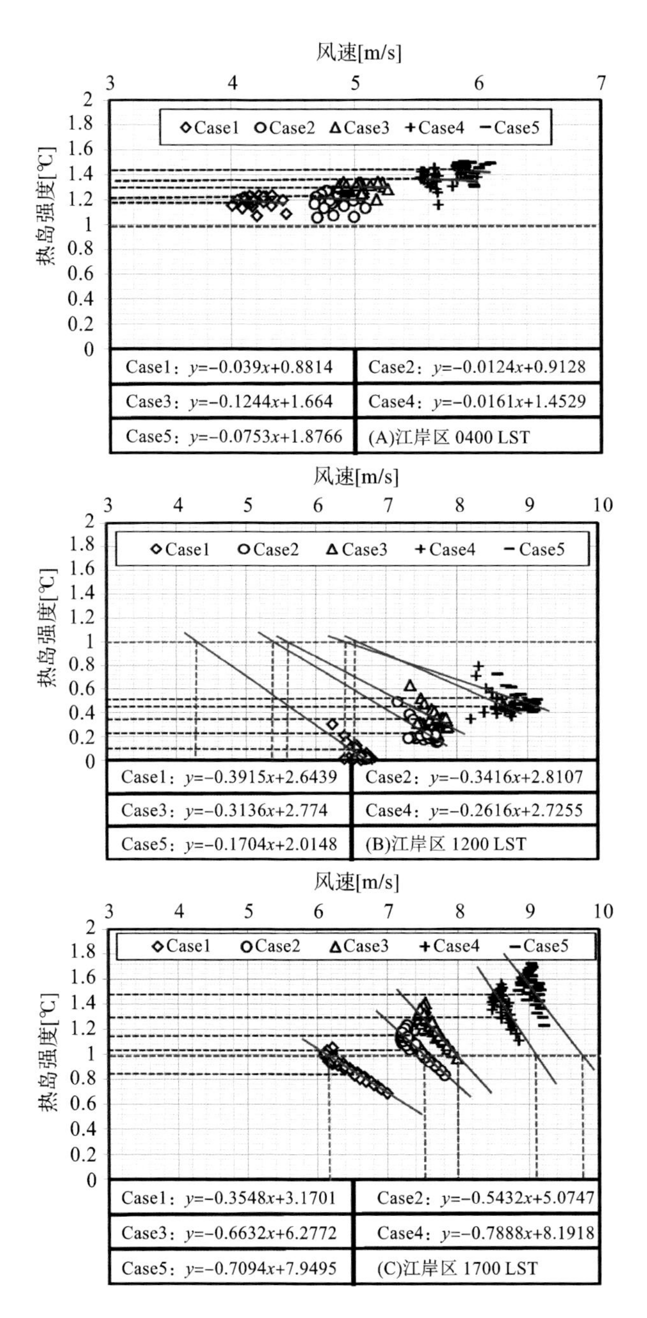

图 4-14　江岸区内各采样点各案例热岛强度与风速关系图(自绘)

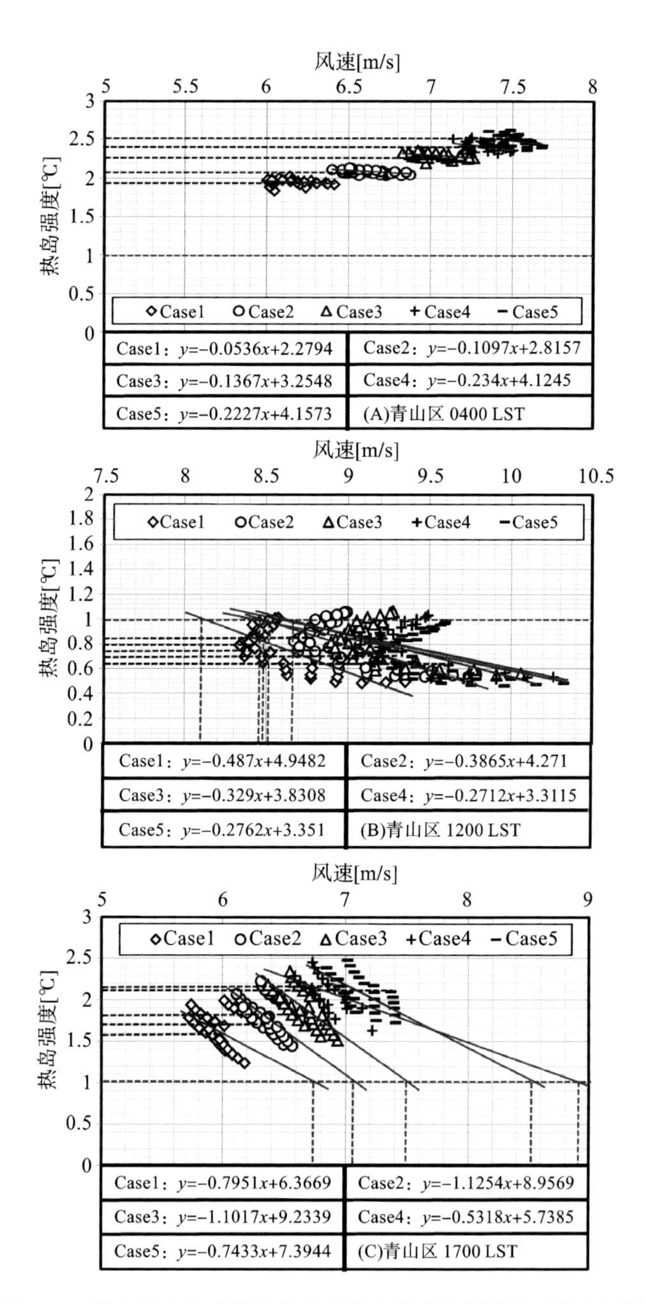

图 4-15　青山区内各采样点各案例热岛强度与风速关系图(自绘)

在凌晨 4 点，针对 Case1，当风速高于 5 m/s 时，可控制热岛强度低于 1 ℃。若同样控制热岛强度在 1 ℃以内，Case2 的风速需高于 5.2 m/s、Case3 的风速需高于 5.6 m/s、Case4 的风速需高于 6 m/s、Case5 的风速需高于 6.6 m/s。由此可以发现，Case2 到 Case4 是等距升高，到 Case5 需要的风速值更高。在正午 12 点，若希望热岛强度值控制在 1 ℃以内，由 Case1 至 Case5 所需风速分别为 7.6 m/s、8 m/s、8.6 m/s、9 m/s 以及 7.8 m/s。建筑密度增加到 Case5 的程度时，反而使热岛问题不及 Case2 至 Case4 那么严重。类似的情况出现在下午 17 点左右，虽然 Case5 在这一时间段控制热岛强度小于 1 ℃时需要的风速已经达到 10.6 m/s，但热岛强度值仅在 1.25 ℃左右，小于 Case4 的热岛强度值(1.4 ℃)。在这一时刻，如果想要热岛强度值控制在 1 ℃以内，由 Case1 至 Case5 所需风速分别为 7.6 m/s、8.2 m/s、9.1 m/s、9.8 m/s及 10.6 m/s。

图 4-12 代表的是武昌区各案例热岛强度与风速的关系，同样选取凌晨 4 点[图 4-12(A)]、正午 12 点[图 4-12(B)]以及下午 17 点[图 4-12(C)]3 个采样时间点。武昌区和洪山区不同，凌晨 4 点的热岛强度高于其余两个采样时间点的结果。并且除了这一时刻 Case5 的热岛强度高于其余案例，其余采样时间点 Case5 的热岛强度值均低于 Case3、Case4，正午 12 点 Case5 的热岛强度甚至低于其余全部案例。在凌晨 4 点，各案例热岛强度与风速关系曲线的直线部分几乎平行于 x 轴，这说明在城市废热累积，热岛强度较高的情况下，很有可能找不到能使热岛得到缓解的风速值。然而，武昌区的情况目前为止还相对较理想，但随着城市化的发展，热岛问题难以缓解的趋势还是非常值得注意的。在正午 12 点，热岛强度降低，若要控制热岛强度值在 1 ℃之内，Case1 至 Case5 的风速值需高于 6.8 m/s、7.5 m/s、8.1 m/s、8.5 m/s 及 7.4 m/s。这一时刻各案例热岛强度的平均值是不足 1 ℃的。在下午 17 点，各案例热岛强度普遍升高，平均在 1 ℃左右。若控制热岛强度值在 1 ℃之内，Case1 至 Case5 的风速值需高于 7.1 m/s、7.7 m/s、8.3 m/s、8.9 m/s 及 9 m/s。

图 4-13 给出了凌晨 4 点[图 4-13(A)]、正午 12 点[图 4-13(B)]以及下午 17 点[图 4-13(C)]汉阳区各案例热岛强度与风速关系图。在凌晨 4 点左

右时，汉阳区各案例热岛强度与风速关系曲线的直线段几乎平行于 x 轴，这一点同武昌区相同，不同的是汉阳区这一时刻的热岛强度值几乎达到了 2 ℃，该区域 4 点左右的热岛问题难以被强风缓解。在正午 12 点，热岛强度值下降，各案例均低于 1 ℃，若要控制热岛强度值始终低于 1 ℃，从 Case1 到 Case5 的风速值需分别高于 6.6 m/s、7.2 m/s、7.6 m/s、7.8 m/s 以及 8.1 m/s。在各案例建筑密度等值增加的情况下，热岛强度为 1 ℃的临界风速值增长间隔从0.6 m/s下降到 0.4 m/s，然后维持在 0.2～0.3 m/s 之间。这说明在建筑密度增加到一定值之后，热岛强度增长幅度放慢。在下午 17 点左右，各案例热岛强度值上升。若要控制热岛强度值低于 1 ℃，从 Case1 到 Case5 的风速值需分别高于 7.4 m/s、8.2 m/s、9.4 m/s、11 m/s 以及 12.8 m/s。这一时刻等值增加的建筑密度值带来不等值增长的临界风速值，和正午 12 点情况不同，在这一时刻，临界风速值越来越高，间隔也越来越大。说明在午后，若建筑密度过大，热岛问题更加难以缓解。

图 4-14(A)、图 4-14(B)、图 4-14(C)分别给出了凌晨 4 点、正午 12 点及下午 17 点江岸区内各采样点不同建筑密度案例下热岛强度与风速关系图。和汉阳区相比较，江岸区在这 3 个采样时间点的热岛强度值都较低，但所存在的问题基本都类似，在凌晨 4 点，热岛问题难以通过通风的方式得到有效缓解。在正午 12 点，江岸区各案例热岛强度值基本都低于 0.5 ℃，不仅如此，在江岸区各案例热岛强度值低于 1 ℃时，临界风速值也较低，由 Case1 至 Case5 分别为 4.2 m/s、5.4 m/s、5.6 m/s、6.6 m/s、6.4 m/s。在下午 17 点，江岸区各案例热岛强度值低于 1 ℃时，临界风速值由 Case1 至 Case5 分别为 6.2 m/s、7.6 m/s、8 m/s、9.1 m/s 以及 9.8 m/s。

青山区是热岛强度值较高的区域，图 4-15 给出了青山区凌晨 4 点[图 4-15(A)]、正午 12 点[图 4-15(B)]及下午 17 点[图 4-15(C)]不同建筑密度案例下的热岛强度与风速关系图。

在凌晨 4 点，青山区热岛强度值高达 2.5 ℃，并且由热岛强度与风速线性关系可发现，同其他几个区域类似，青山区凌晨 4 点的热岛问题仍旧很难通过通风来进行缓解。并且由于青山区热岛强度值本来就比较大，问题便愈发严重了。在正午 12 点，各案例热岛强度值虽然差别不大，但是临界风速

值仍存在些许差别，为 8.1～8.7 m/s。

图 4-15(C)代表青山区各案例在下午 17 点时的热岛强度值与风速关系。这些案例中的热岛强度最高值可达 3 ℃，若控制热岛强度值低于 1 ℃，从 Case1 到 Case5 的风速需高于 6.8 m/s、7 m/s、7.5 m/s、8.5 m/s 以及 8.9 m/s。

图 4-11 至图 4-15 主要探讨的是各区域内案例控制热岛强度在一定值内的风速临界值。热岛强度越强的区域，热岛问题越明显的时间段所需临界风速越大，而临界风速大小正好也说明了城市布局的优良情况，通风情况越良好的城市布局所需临界风速越小，也就是说只要达到临界风速以上，城市热岛就被缓解了。很明显，建筑密度越小，所需临界风速也越小，但是由于城市经济建设发展的需要，无法在现实中实现建筑密度较小的城市布局方案。综上所述，选取一个建筑密度较大，临界风速较小的城市布局方案才是最合适、最有利于城市发展的做法。

第五节　讨论与小结

本章从气温、能量得失平衡、风速、热岛强度以及热岛强度与风速关系几个方面探讨建筑密度改变对城市环境的影响。在气温方面，发现案例四和案例五之间存在拐点值，高于这一建筑密度后，由于建筑物间的遮阴效果，在太阳短波辐射最强的时间段反而气温更低。在能量平衡方面，随着建筑密度的增长，显热的全境平均值的幅度有明显的增高，而建筑密度的增长导致绿地率降低，是潜热降低的主要原因。在风速上，建筑密度的增长致使气温升高，动能增加，则风速加大，另外各区域风向向市中心聚集的趋势由于建筑密度的增加更为明显，此现象带来更为明显的城市环流，并形成城市大气尘盖，造成废热及污染物的滞留及聚集。在热岛强度方面，建筑密度的增加加大了热岛强度值，并且由热岛强度与风速关系可以看出，在黎明前，热岛强度值一旦升高很难通过通风进行缓解。在热岛强度与风速关系方面，虽然建筑密度越小所需临界风速也越小，但是由于城市经济建设发展的需要，无法在现实中实现建筑密度较小的城市布局方案，所以选择一个能同时平衡这两方面需求的建筑密度值非常重要。

第五章 容积率的差异对中心城区气候的影响

第四章通过气温、风速、热辐射平衡以及热岛强度等方面定量化地分析探讨了城市建筑密度的改变对中心城区气候的影响。然而随着城市的发展，城市不仅仅向着高密度的空间布局形式变化，而且也必然向着高容积率这种竖直方向发展。城市空间中高层、超高层建筑的数量年年攀升，带来城市空间形态的显著变化，本章希望通过对等容积率增长的五个案例进行研究，定量化地分析容积率的改变对城市中心城区气候的影响。同第四章类似，本章也试图从气温、风速以及热岛强度等几个方面来说明城市容积率的变化对城市气候环境的影响。

第一节 案例及边界条件设定

为了说明城市容积率的变化对城市气候环境的影响，针对不同的建筑密度设定了5组案例进行模拟，模拟时间设定在2010年8月12日至2010年8月15日。根据武汉市2006年至2020年城市总体规划，将建筑密度、绿地率及人工排热值(取2020年目标值)固定，仅改变中心城区内容积率，以案例二为基础案例(control case)，其余各案例以案例二为基础等值变化。在充分理解武汉市2006年至2020年城市总体规划的前提下，根据基于中尺度气象模型WRF的城市冠层模型特性，建立5组案例，其中案例二取2020年目标值，详见表5-1。为了得到中心城区容积率同城市环境气候之间清晰明确的关系，城市其他特征因素(建筑密度、绿地率及人工排热值)取固定值(取2020年目标值)，详见表5-2。

表 5-1　容积率对中心城区气候影响研究案例设定之一

要　素	强　度	Case1	Case2	Case3	Case4	Case5
容积率	强度 1&2 区	2.5	3.5	4.5	5.5	6.5
	强度 3 区	1.5	2.5	3.5	4.5	5.5
	强度 4&5 区	1.0	1.5	2.0	2.5	3.0
建筑高度/m	强度 1&2 区	15.0	21.0	27.0	33.0	42.0
	强度 3 区	12.0	18.0	24.0	30.0	36.0
	强度 4&5 区	9.0	15.0	21.0	27.0	30.0

本研究模拟 2011 年 8 月 12 日至 2011 年 8 月 15 日不同城市空间布局下的气候情况，取 8 月 15 日结果作为代表数据分析讨论。边界条件通过调用 National Center for Atmospheric Research（NCAR）NECP/NCAR fnl 全球气象数据，输入当天的气候数据作为初始值进行模拟计算。

表 5-2　容积率对中心城区气候影响研究案例设定之二

要　素	强度 1&2 区	强度 3 区	强度 4&5 区
建筑密度/(%)	50	45	30
绿化率/(%)	30	35	40
城市非绿化用地占比	0.70	0.65	0.60
屋顶宽度/m	55.0	34.0	24.0
道路宽度/m	10.0	10.0	10.0
人工排热值/(W/m^2)	140	60	40

第二节　容积率的差异对中心城区热环境的影响

为了考察容积率的改变对中心城区热环境的影响，首先要考察的就是容积率对气温的影响，然而容积率的改变不像建筑密度那样能较明显地改变气温，考察各区域内几个不同容积率的案例，其气温均值基本没有明显差别，故将代表不同容积率的各案例气温值同基础案例(Case2)进行对比。

图 5-1 中显示各案例同基础案例(Case2)中心城区 2 m 高度处气温值的比较结果,发现随着容积率的增长,气温呈下降趋势,虽然下降的温度不到 0.5 ℃,但仍存在变化。然而,这些变化仅在凌晨 0 点至早上 8 点日出的时间段出现,8 点后,各案例间基本无气温差。这一现象说明城市中心区内布局方式向高层化发展,可以对城市 2 m 高度处产生更多的遮挡,这些遮挡在正午左右对城市气温影响不算大,然而建筑物白天上部蓄热,夜晚放热,建筑物越高,深夜建筑物冷却放热对 2 m 高度处的影响越小,因而气温也越小,这也是为什么气温差主要出现在凌晨 0 点至早上 8 点日出前后的时间

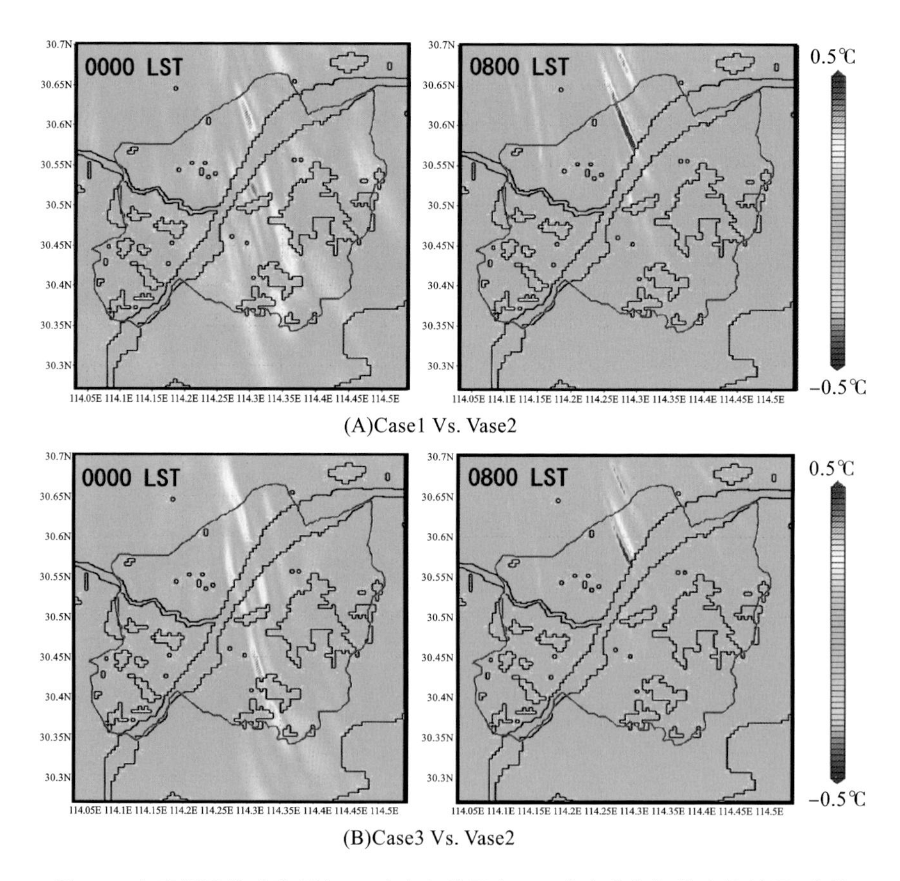

图 5-1 各案例同基础案例(Case2)中心城区内 2 m 高度处气温值比较结果,水体部分不参与比较(自绘)

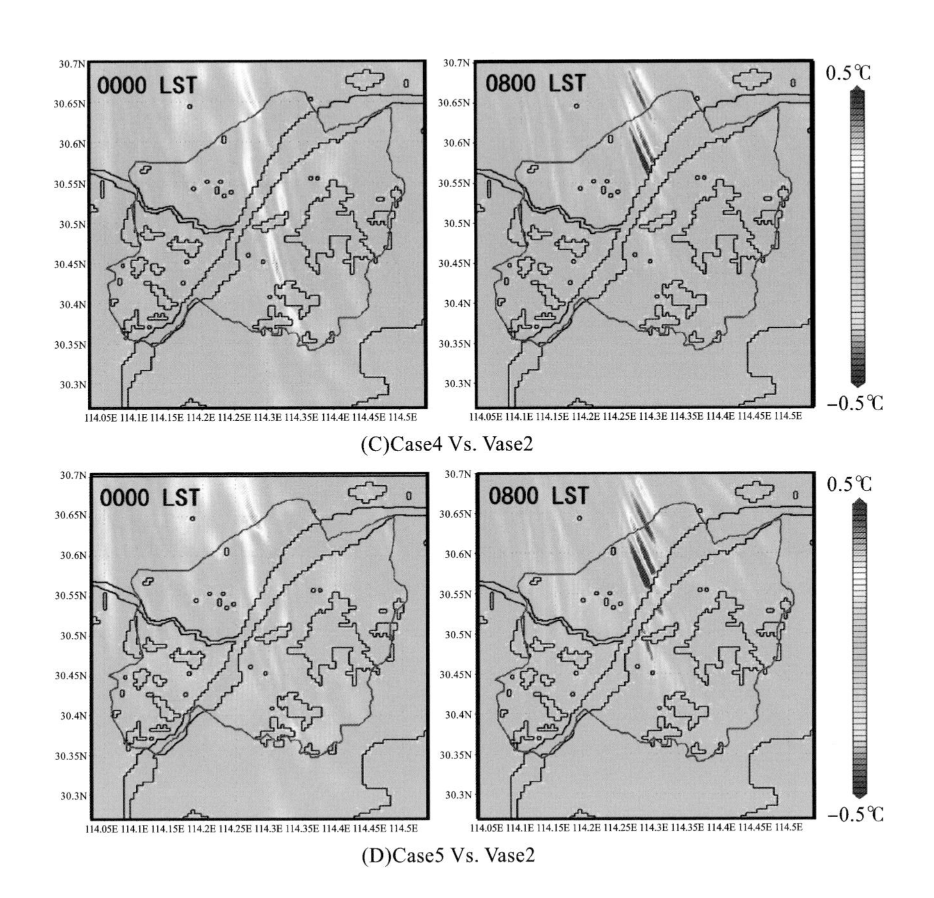

(C)Case4 Vs. Vase2

(D)Case5 Vs. Vase2

续图 5-1

段。为了说明城市中心区内有气温变化的具体区域，现节选凌晨 0 点、凌晨 2 点、清晨 5 点及早上 8 点 4 个时间点的各案例同基础案例（Case2）的气温差显示于图 5-1 中。案例间的气温差主要沿着风向方向发展，随着容积率的增长，有些区域的气温升高，有些区域的气温却下降，因而在平均气温上各个案例差别不大。

第三节　容积率的差异对中心城区风环境的影响

容积率改变对城市中心区 10 m 高度处风速的影响也不如建筑密度对

风速的影响明显。图 5-2 显示了 Domain3 内采样时间点 10 m 高度处风速模拟结果，并节选一天内凌晨 4 点、上午 9 点、下午 15 点以及晚上 22 点的数据结果。虽然风速差别并不明显，但仍可以发现诸如容积率越高风速越小的规律，然而在风向上的影响并没有建筑密度那么大，有很明显的风向偏转。和第四章讨论关于建筑密度对风速的影响类似，各案例风速的差别主要出现在各时刻的下风向位置。从采样时间点看来，各案例中采样点的风速差别不大，然而相对明显的风向差别主要出现在上午 9 点前，随着容积率的增长，风向向西北方向偏转。上午 9 点，东部有南风沿着城市中心边缘区穿过，却没有渗透到中心区域内的趋势，说明此时的城市环流作用阻止了城

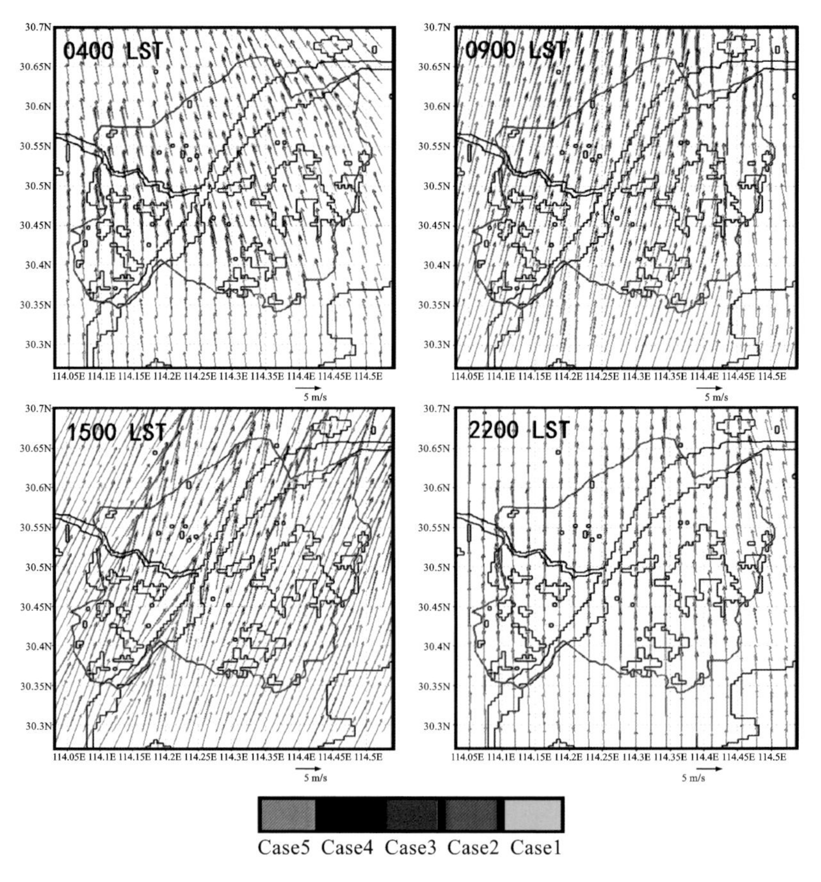

图 5-2 Domain3 内采样时间点风速模拟结果(自绘)

郊冷空气的渗入。从正午 12 点到下午 15 点，沿着长江位置的风速更大，有明显的城市中心区通风道的作用，这部分还需要继续深入研究。

为了能更明确地评估容积率对风速的影响，我们试图取武汉市内 5 个区域内采样点的 10 m 高度处风速值，通过比较讨论的方式，定量化地研究在不同容积率条件下，风速在武汉中心城区内的变化特点。

图 5-3 给出武汉市洪山区、武昌区、汉阳区、江岸区及青山区等 5 个采样区域内采样点不同容积率条件下 10 m 高度处风速日变化值。图 5-3 比较了各个案例的风速变化结果，由此可以看出随着容积率的增长风速减小的规律。

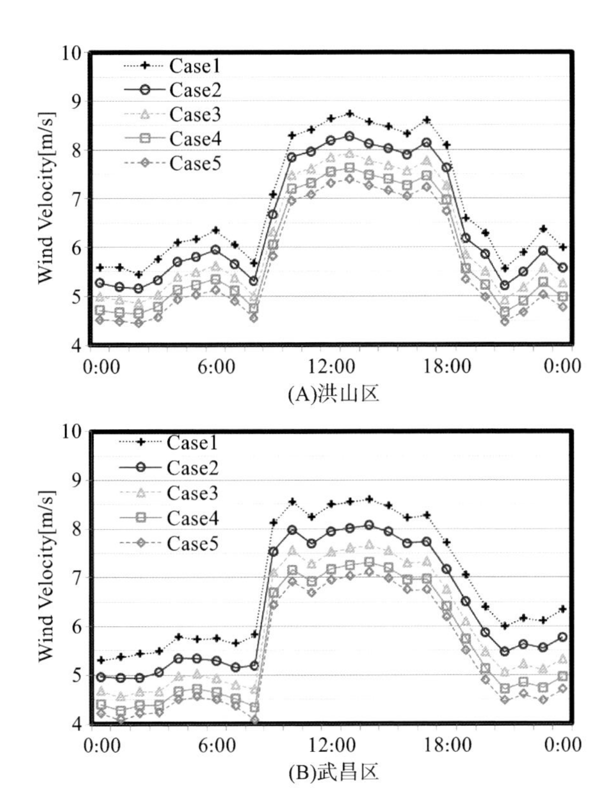

图 5-3 武汉市洪山区、武昌区、汉阳区、江岸区及青山区采样点不同容积率条件下 10 m 高度处风速日变化值(自绘)

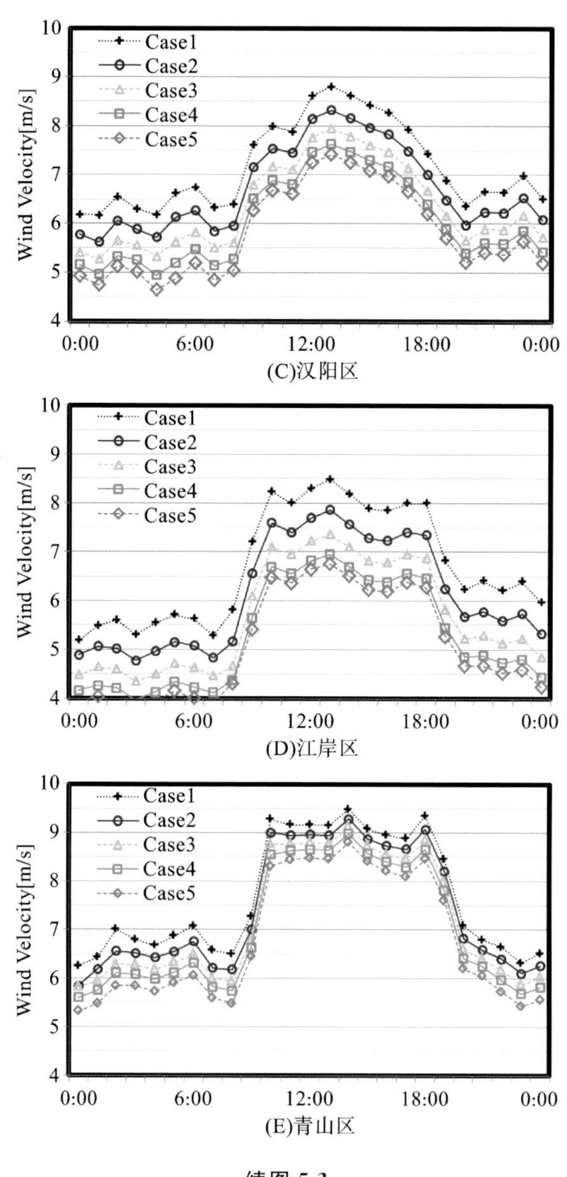

续图 5-3

各个区域风速日变化值除了青山区[图 5-3(E)]以外，洪山区[图 5-3(A)]、武昌区[图 5-3(B)]、汉阳区[图 5-3(C)]、江岸区[图 5-3(D)]各案例的

容积率由低到高，由 Case1 到 Case5 风速变化幅度由大到小。这说明当城市中心区布局方式向高层化发展到一定程度之后，对热环境的影响差别更大。另外在 10 m 高度处风速日变化规律中，日出前和日出后风速较低，正午前后风速较高，说明 10 m 高度处风速主要受气温影响，造成气流动力更强。在正午 12 点前以及傍晚 6 点后汉阳区[图 5-3(C)]的风速高于除青山区外的其余区域，然而在这段时间以外的风速却较低，除了白天和夜晚风向变化的原因外，也说明郊外冷风对夜晚城市降温具有一定的效果。然而青山区[图 5-3(E)]的各案例从 Case1 到 Case5 风速是等幅度下降的。不仅如此，青山区也是风速最大的一块区域，这个和第四章建筑密度对风速影响的结论类似。究其原因，主要由于此区域位于各区域的下风向位置，决定了这一区域的风速较大，并且由于风速较大，各案例的区别显得更小。

图 5-4 显示的是等幅增长的容积率变化带来的城市 10 m 高度处风速值的变化情况。表 5-3 显示的是等幅增长的容积率带来的风速值变化线性关系相关度(用 R^2 值说明)，相关度高的情况说明等幅增长的容积率带来近似等幅的风速值变化。

表 5-3　等幅增长的容积率带来的城市风速变化线性关系相关度

区　　域	Max.	Average	Min.
洪山区	0.9846	0.9857	0.9918
江岸区	0.9668	0.9699	0.9883
青山区	0.9976	0.9955	0.9432

图 5-4(A)、图 5-4(B)及图 5-4(C)节选了洪山区、江岸区及青山区采样结果10 m高度处风速值。各采样区存在一些相同的变化规律，例如，等幅增长的容积率带来近似等幅的风速下降。究其原因，应该是容积率的增长带来更高的建筑高度，建筑物的阻挡作用导致风速降低。表 4-4 中罗列的各类情况 R^2 值说明，随着建筑密度的等幅增长，风速的等幅变化趋势较明显($R^2>0.94$)。

图 5-5 中给出午夜 0 点、凌晨 3 点、上午 9 点及下午 15 点不同容积率下各采样区域 10 m 高度处风速、风向直观比较图。同第四章风速、风向直观比较图类似，在午夜 0 点，风向以南风为主，汇总各个区域的风向可以发现，

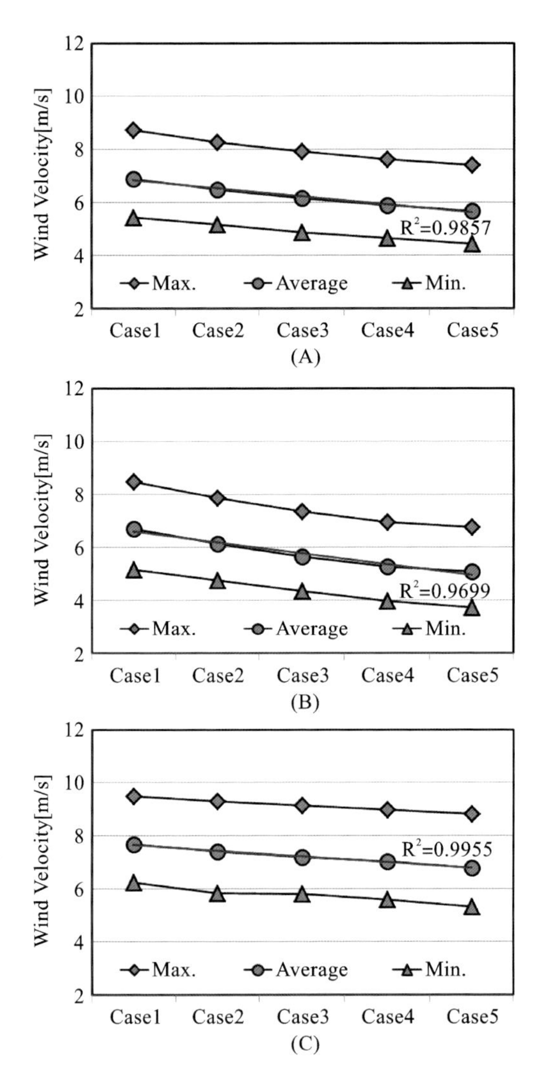

图 5-4　武汉市洪山区、江岸区以及青山区 10 m 高度处风速随容积率变化趋势图(自绘)

这一时刻风从郊外向市中心位置聚集,这主要是因为夜晚郊外温度较低,市区内还没有实现充分散热,从郊外高压低温区域向市中心低压高温区域成风。然而容积率越大的案例风速却越小,容积率越大,城市环流形成的城市大气尘盖现象反而越不明显,这有利于城市内污染物的扩散。在凌晨 3 点,

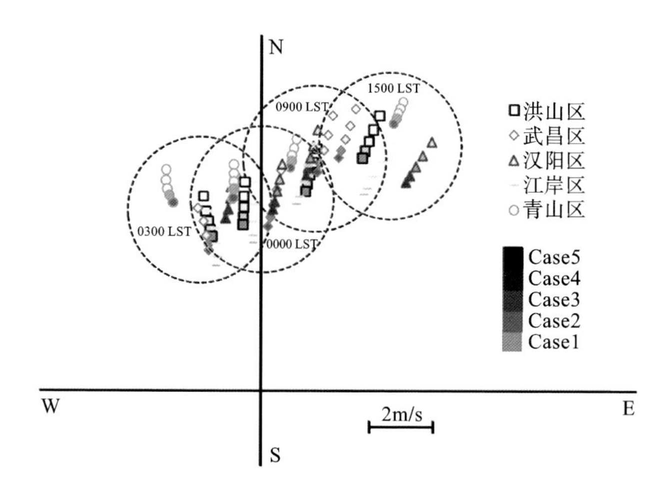

图 5-5　0000 LST、0300 LST、0900 LST 及 1500 LST 不同建筑密度下各采样区域 10 m 高度处风速、风向直观比较图(自绘)

风向以东南风为主,但是汉阳区却以西南风为主,说明在凌晨 3 点左右,郊外冷风向城市中心区渗透现象仍较为明显。到了早上 9 点及下午 15 点左右,西南风向更为明显,这时和图 5-2 结论类似,说明到早上 9 点以后,城市环流作用阻止了城郊冷空气的渗入。

值得一提的是,青山区和其他区域有很大的差别,其风速较高,甚至由于容积率的升高降低了风速,在凌晨 3 点以及下午 15 点左右,风速仍高于其余区域。而且很明显的是,从凌晨 0 点到凌晨 3 点,然后到早上 9 点,最后到下午 15 点,该区域由于容积率的增长导致风速降低,从日出前到日出后,各案例间风速下降的幅度也较为明显。这可能由于风速整体在升高,在强风环境下,容积率的影响也在慢慢减弱。

第四节　容积率的差异对中心城区热岛效应的影响

由本章前面几节可知,容积率的差异不如建筑密度对环境的影响大,无论是对温度还是对风速的影响。不同于随着建筑密度的增长气温明显升高的现象,容积率的增长使得中心城区内的气温在部分区域升高,在部分区域降低。这个结果说明高层、超高层建筑对城市中心区热环境的影响不如高密度化城市布局对城市中心区的影响大。然而针对热岛强度，虽然城市容积率的增长对热岛强度的增长同其对气温的影响一样，并不明显，但仍能看出一些规律。

图 5-6 给出武汉市洪山区、武昌区、汉阳区、江岸区及青山区采样点不同容积率条件下热岛强度日变化值。不难发现，容积率的增长会致使各区域热岛强度出现小幅度变化，纵观 5 个区域，均有一个共同规律，容积率由 Case1 增长至 Case5 的过程中，热岛强度通常在 Case2 时最高，Case1 及 Case5 均低于 Case2，Case4 高于 Case5，Case3 高于 Case4。

上述规律说明，容积率增长到 Case2 值时接近拐点，热岛强度最高，容积率低于 Case2 和高于 Case2 时，热导强度都会降低。容积率低于 Case2 时，由于纵向上密度较小，利于通风去热，故此案例热岛强度低于 Case2。容积率高于 Case2 时，由于建筑高度的增长，互相形成遮挡，降低了该案例城市冠层内的气温，故容积率高于 Case2 时，容积率越高热岛强度反而下降。

随着容积率的变化，热岛强度变化明显的地区分别是洪山区[图 5-6(A)]及汉阳区[图 5-6(C)]，而其他地区如武昌区[图 5-6(B)]、江岸区[图5-6(D)]及青山区[图 5-6(E)]，并没有十分明显的差别。究其原因，洪山区与汉阳区都属于邻近城市郊区的区域，说明这部分区域由于郊外冷空气的渗入，容积率的变化对热岛强度造成的影响更为明显。

和建筑密度增长的案例相比，容积率的变化对热岛强度的影响较小。然而明显的是，高容积率的布局方式虽然对城市核心区域热环境影响有限，但对城市边缘区域却有较为明显的影响，可以推断并相信城市边缘区域的高容积率布局方式将扩大城市热岛效应的覆盖范围。由此可见，城市边缘区应尽量避免高容积率的布局方式。

图 5-7 显示的是等幅增长的容积率变化带来的城市热岛强度值的变化情况。表 5-4 显示的是等幅增长的容积率带来的城市热岛强度变化线性关系相关度(用 R^2 值说明)，相关度高的情况说明等幅增长容积率带来近似等幅变化的城市热岛强度值。

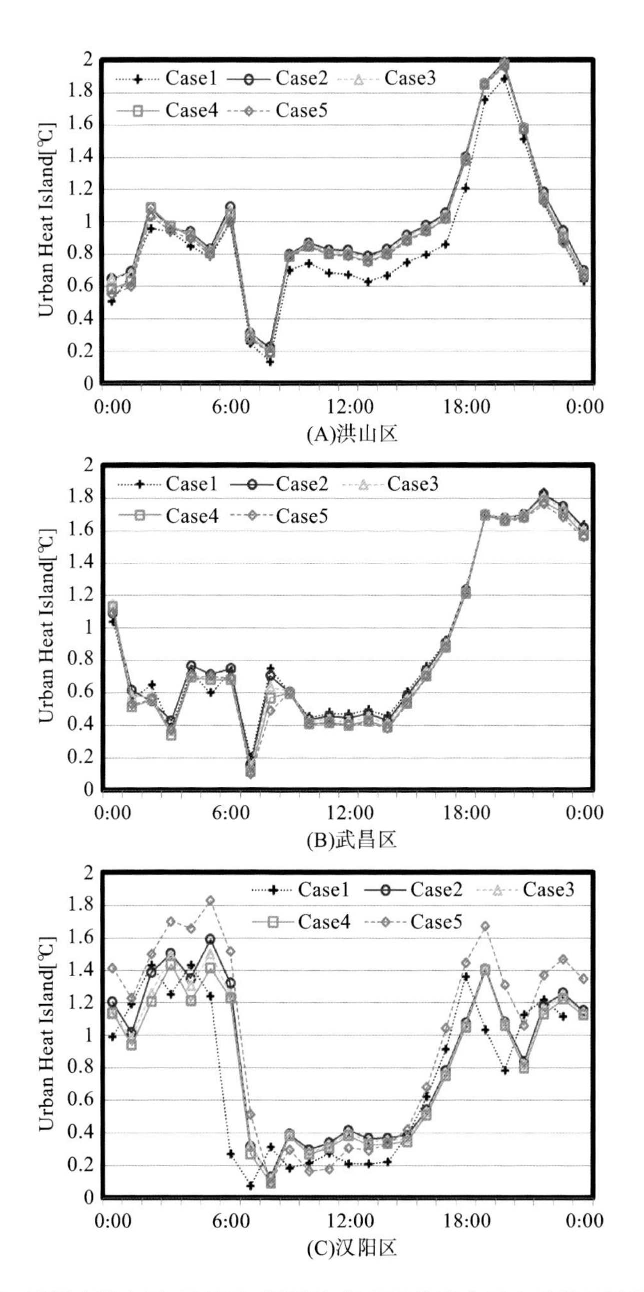

图 5-6　武汉市洪山区、武昌区、汉阳区、江岸区及青山区内采样点不同容积率条件下热岛强度日变化值(自绘)

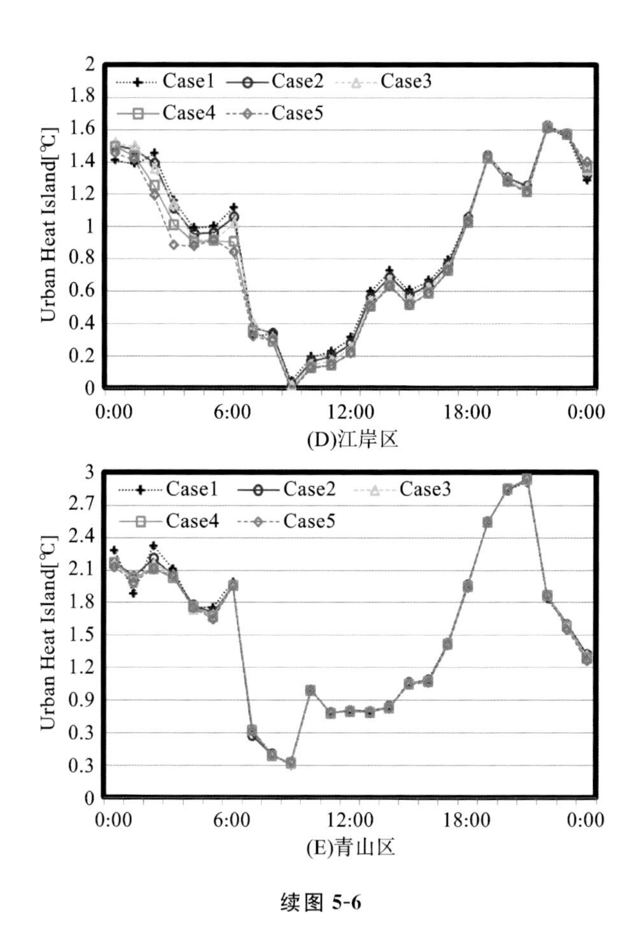

续图 5-6

表 5-4　等幅增长的建筑密度带来的城市热岛强度变化线性关系相关度

区　　域	Max.	Average	Min.
洪山区	0.2484	0.1608	0.1312
江岸区	0.041	0.8367	0.5897
青山区	0.9509	0.996	0.1299

结果仅节选洪山区、江岸区及青山区数据说明问题。图 5-7(A)显示洪山区的容积率变化会对热岛强度值产生一定程度的影响，但这一影响变化并不呈现直观的线性关系($R^2<0.25$)，甚至容积率的等幅增长还会带来一

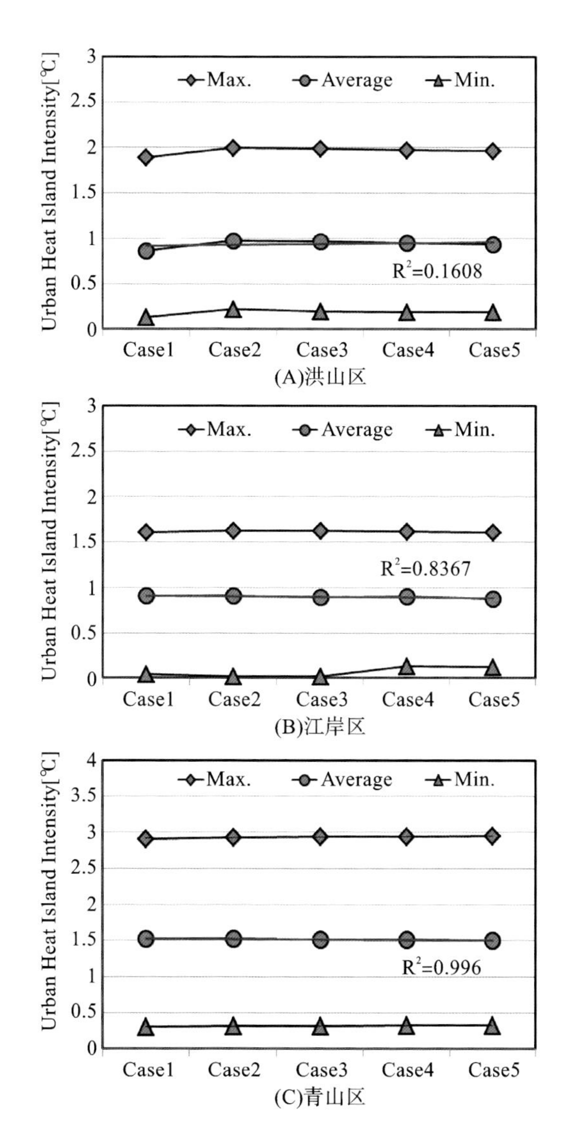

图 5-7　武汉市洪山区、江岸区以及青山区热岛强度随建筑密度变化趋势图(自绘)

定程度的热岛现象缓解作用(热岛强度值小幅下降)。同洪山区采样结果略有不同,江岸区[图 5-7(B)]采样结果显示,容积率的增长几乎不会造成平均热岛强度值的变化($R^2=0.8367$)。青山区[图 5-7(C)]同江岸区采样区域情

况类似，容积率的变化几乎对热岛强度值不产生影响(R^2 =0.996)。

同第四章一样，为了说明不同容积率对城市环境的影响，本节将采样区域各案例热岛强度及风速的关系表示于图5-8至图5-12中，y轴表示热岛强度值，x轴代表风速值，各案例所有采样点热岛强度(y)和风速(x)变化的线性关系公式显示于图下。斜率越小、在y轴上截距越小，说明此建筑容积率布局城市通过较小的风速就可明显缓解城市热岛现象。

图5-8显示洪山区在凌晨4点、正午12点及傍晚17点的风速和热岛强度关系图。比较3个时刻可以发现，日出前和日落后热岛强度值较大，正午时风速最大，主要是由日出后气温上升，空气动能增加引起。随着容积率的增长，能将热岛强度控制在1 ℃以内的风速减小。在凌晨4点的Case1中，当风速高于5.7 m/s时，可控制热岛强度低于1 ℃，到了Case2，风速值降至5.3 m/s，Case3降了更多，至4.9 m/s，从Case4到Case5的降幅大幅度下降，Case4由Case3的4.9 m/s只降了0.1 m/s，到4.8 m/s，由Case4至Case5下降了0.3 m/s。到了正午12点，Case1到Case5可控制热岛强度低于1 ℃的风速从8.4 m/s等幅降至7.1 m/s。在下午17点，Case1能控制热岛强度在1 ℃以内的风速达8.7 m/s，Case2为8.3 m/s，Case3为7.9 m/s，Case4为7.3 m/s，Case5为6.5 m/s。值得一提的是，在相同气候条件下，前4个案例各区域采样点风速基本一致，而到了Case5，各采样点风速差别较大，这是否由容积率高的情况下高层建筑周边气流更为紊乱造成，需要进一步定量考察。

图5-9显示了武昌区在凌晨4点、正午12点以及傍晚17点的风速与热岛强度关系图。凌晨4点的风速与热岛强度关系曲线同x轴几乎平行，说明建筑密度变化的各案例类似，在日出前通风已很难缓解城市热岛效应。在正午12点，由Case1到Case5可控制热岛强度在1 ℃的风速为8 m/s，7.6 m/s，7.2 m/s，6.8 m/s以及6.5 m/s。傍晚17点左右的情况同日出前类似，由于风速与热岛强度关系线同x轴几乎平行，说明通风已很难缓解城市热岛效应。

汉阳区的热岛强度略高于洪山区及武昌区，能控制热岛强度在1 ℃的临界风速也高于其他两个区域。在凌晨4点，各案例热岛强度值均高于

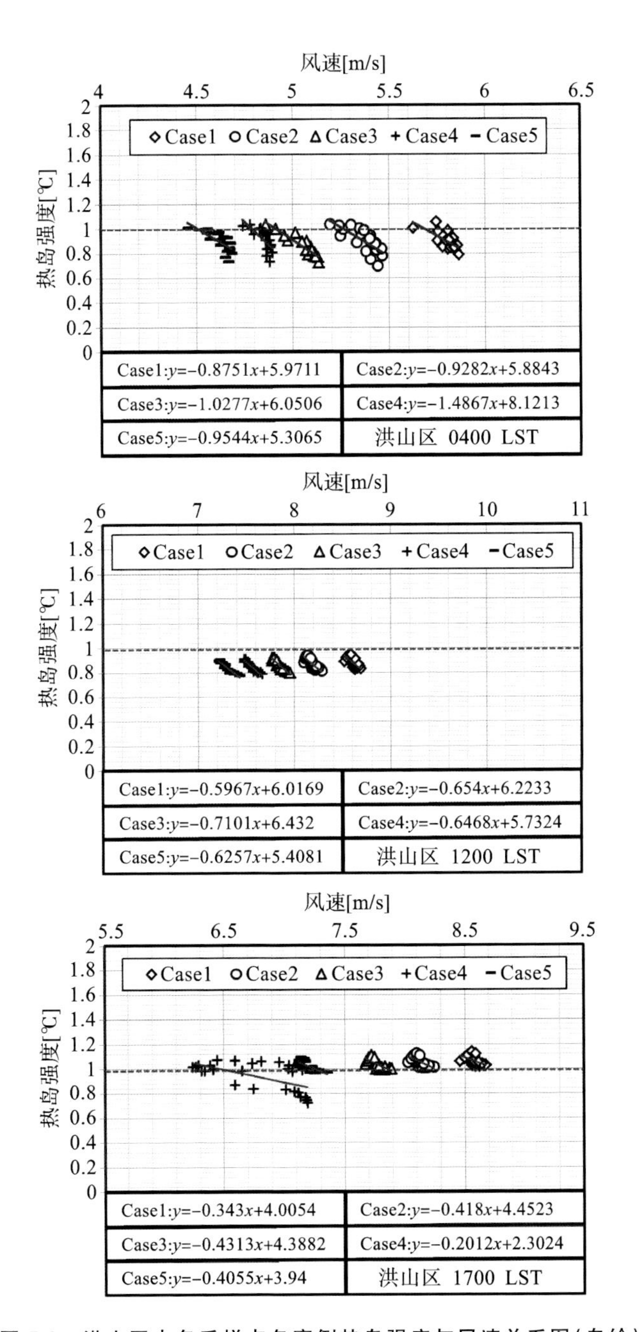

图 5-8　洪山区内各采样点各案例热岛强度与风速关系图(自绘)

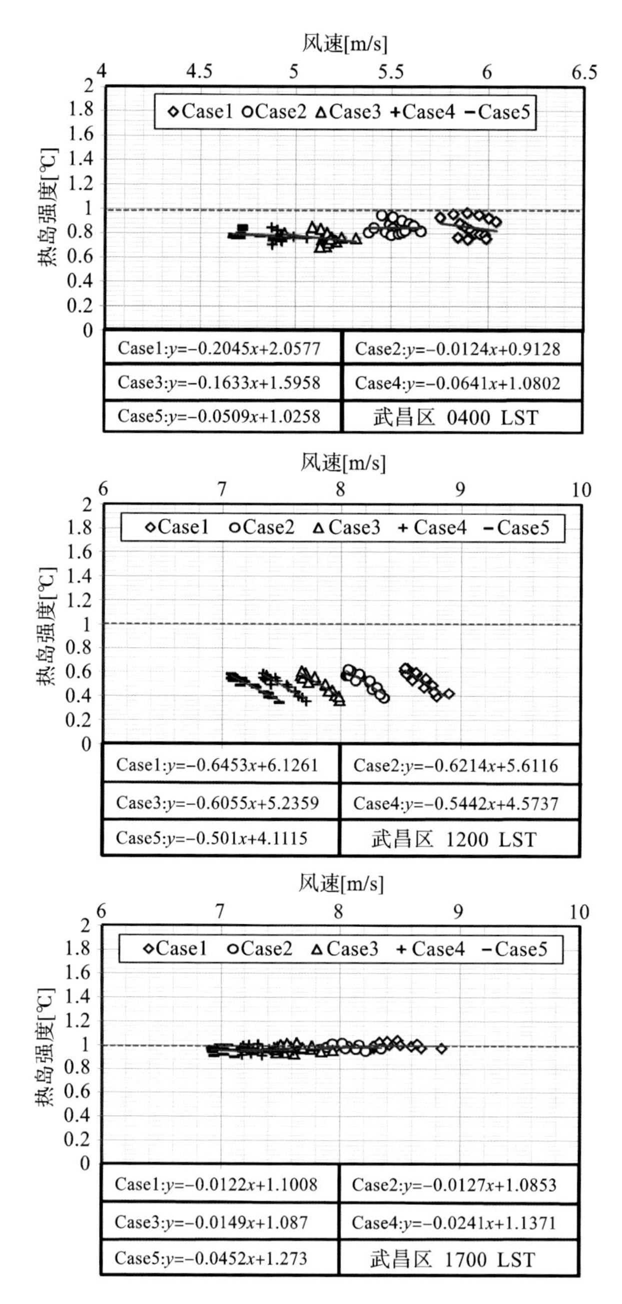

图 5-9 武昌区内各采样点各案例热岛强度与风速关系图(自绘)

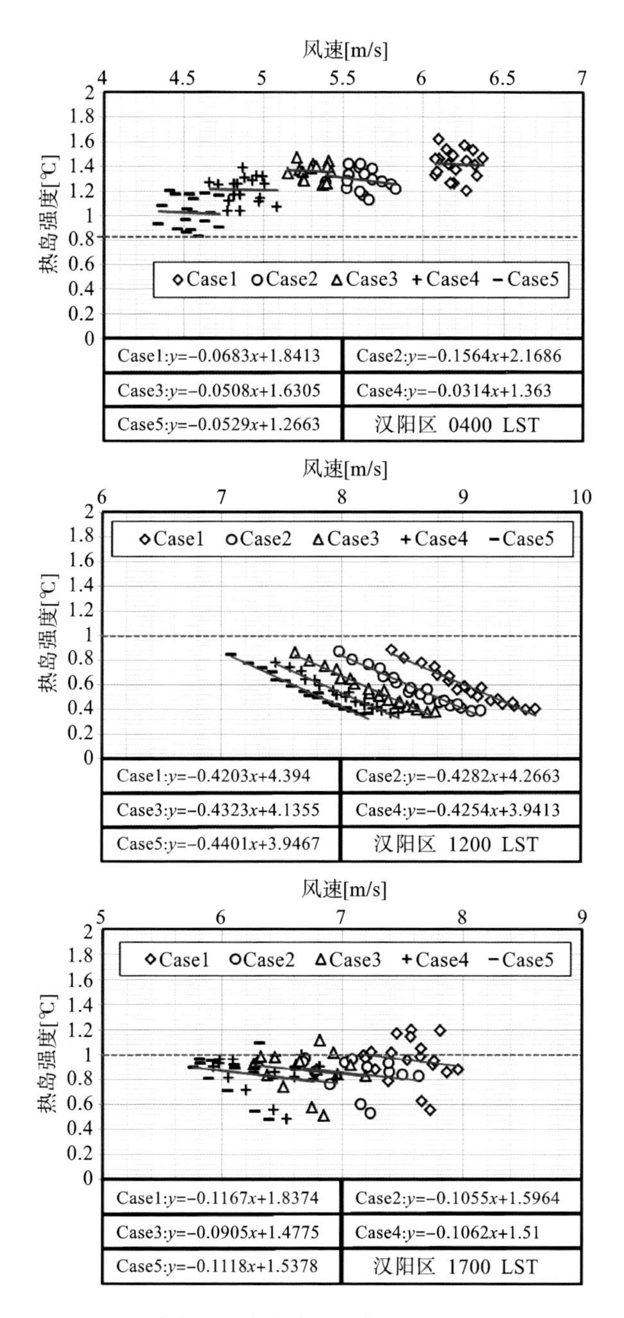

图 5-10 汉阳区内各采样点各案例热岛强度与风速关系图(自绘)

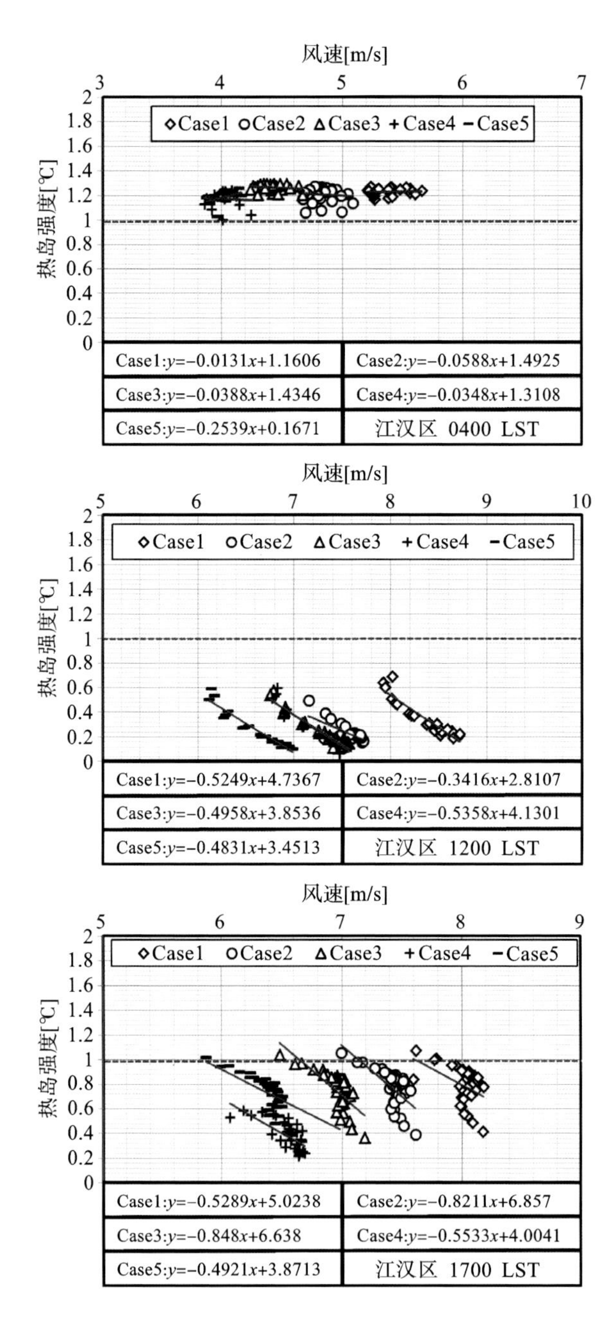

图 5-11 江岸区内各采样点各案例热岛强度与风速关系图(自绘)

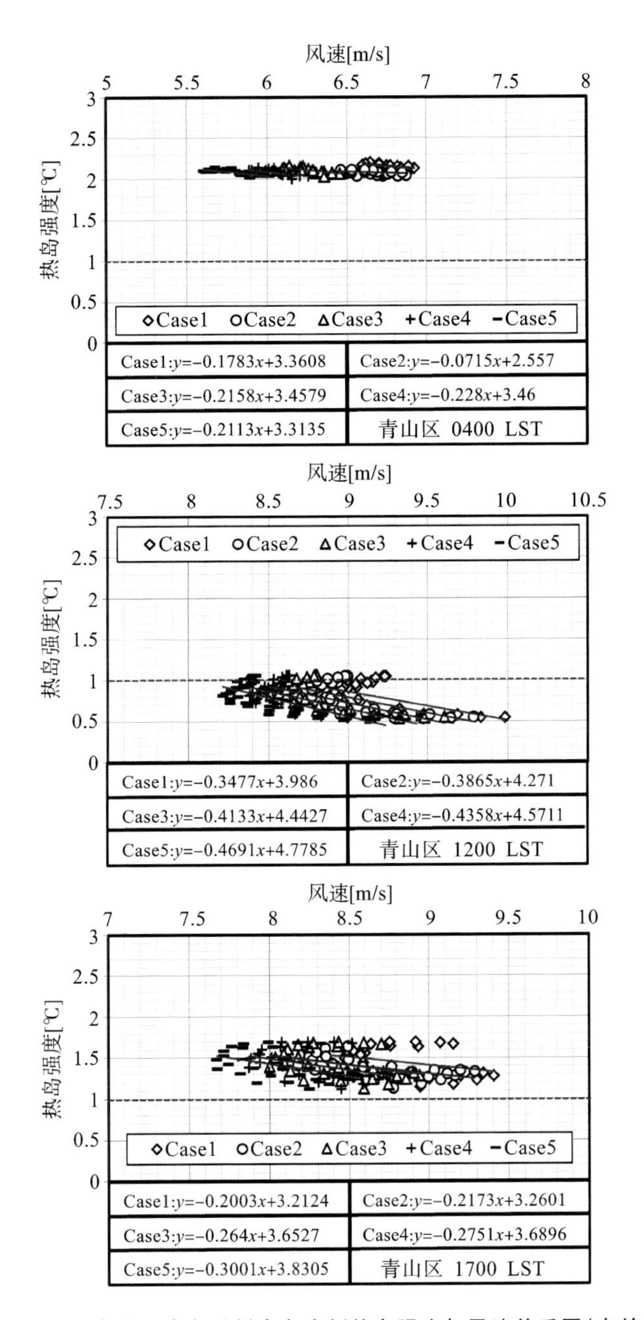

图 5-12　青山区内各采样点各案例热岛强度与风速关系图(自绘)

1 ℃，且由于热岛强度和风速关系曲线斜率极小，风速的增长基本对热岛效应的缓解起不到作用。在正午 12 点，能控制热岛强度小于 1 ℃的风速值由 Case1 至 Case5 分别为 8.2 m/s、7.8 m/s、7.4 m/s、7 m/s、6.8 m/s。虽然热岛强度高低并不是按照容积率越高热岛强度越低的规律发展，但是在风速缓解热岛效应关系图上还是不难发现，容积率越高的案例反而越容易通过通风缓解热岛效应，所需的风速也越小。但是也很明显，容积率发展到 Case4、Case5 时差别非常小，在城市中建筑的纵向布局上，楼层高度越高，越有利于热岛效应的缓解，原因应该与周边气流变化更剧烈有关。

江岸区热岛强度与风速关系同其他几个区域类似，在凌晨 4 点，热岛强度与风速的关系曲线斜率太小，以致这段时间的热岛问题难以通过通风得到明显的缓解。在正午 12 点，江岸区的热岛强度最低，由 Case1 至 Case5 风速分别只需高于 7.5 m/s、6 m/s、6 m/s、6 m/s 以及 5.5 m/s 便可以缓解热岛问题，将热岛效应控制在 1 ℃。在傍晚 17 点，江岸区的情况与其他区域有些许差别，主要表现在 Case4 和 Case5 临界风速的反转，其余 3 个案例均满足容积率越大临界风速值越小的规律，唯有 Case4 和 Case5 出现相反的规律，Case4 的临界风速为 5.5 m/s，Case5 为 5.9 m/s。

青山区的热岛强度值是各区域中最高的，且在日出前这种高热岛强度情况难以由通风进行缓解。比较容积率不同的各案例可知，在这种情况下，容积率高低对该区域的热岛问题及对热岛问题的缓解都没有太直接的关系，从此区域及其他区域类似的结果看来，城市中心区采用高层及超高层布局虽被许多人诟病，但是对热环境的影响是有限的。并且由此模拟结果作为论据，城市中心区为了增加可用面积而往纵向扩张对城市中心区热环境的影响可能低于建筑密度的影响程度，这一部分还需要进一步验证。青山区正午 12 点的临界风速值从 Case1 至 Case5 等幅下降，这与其他区域不太一样。从 Case1 到 Case5 临界风速分别为 8.7 m/s、8.6 m/s、8.5 m/s、8.3 m/s 以及 8.2 m/s。在傍晚 17 点，由 Case1 到 Case5 的临界风速均高于 10 m/s，此值高于其他区域。

第五节 讨论与小结

本章从气温、风速、热岛强度以及热岛强度与风速关系几个方面探讨容积率的改变对城市气候环境的影响。在气温方面，随着容积率的增长，2 m高度处的气温反而下降，并且案例间明显的气温差主要出现在日出左右，即早上8点前。这一现象说明城市中心区内布局方式向纵向的发展，可以对城市2 m高度处产生更多的遮挡，这些遮挡在正午左右对城市气温影响不算大，然而白天建筑物上部蓄热、夜晚放热的情况下，建筑越高，深夜建筑物冷却放热对2 m高度处的影响越小，因而气温也越小，这也是气温差主要出现在凌晨0点至早上8点日出前后的原因。在风速方面，随着容积率的增长，10 m高度处风速反而降低，但是降低幅度有限。基本说来，无论在气温还是风速、风向上，容积率对热环境的影响都没有建筑密度对热环境的影响大。同样，在热岛强度上，容积率的变化对它的影响也不如建筑密度对它的影响明显。然而明显的是，高容积率的布局方式虽然对城市核心区域热环境影响有限，但对城市边缘区域却有较为明显的影响，可以推断并相信城市边缘区域的高容积率布局方式将扩大城市热岛效应覆盖范围。因此，城市边缘区应尽量避免高容积率的布局方式。虽然容积率对热环境以及热岛效应的影响都不明显，但是比较各案例控制热岛效应的临界风速仍可以看到规律明显的差别，且容积率越高，通过通风缓解热岛效应的作用越明显。

第六章　中心城区水体面积变化对城市气候的影响

第一节　武汉市中心城区水体面积变化概述

在第四章及第五章中，本书对与武汉市城市空间形态变化有关的建筑密度及容积率的变化进行了定量化的分析探讨。本章开始将对影响城市气候的另一个方面，即城市用地属性的改变进行讨论。由于用地属性种类较多，本章仅讨论城市内陆水体被填埋变为城市用地的这类情况。以武汉市这样一个具有大面积水体的内陆城市为例，试图找到水体大面积减少对城市气候环境的影响。

根据武汉市气象局的气温数据显示，从 1965 年至 2008 年间，武汉市气温平均有 3～5 ℃的明显升高，详见图 6-1。

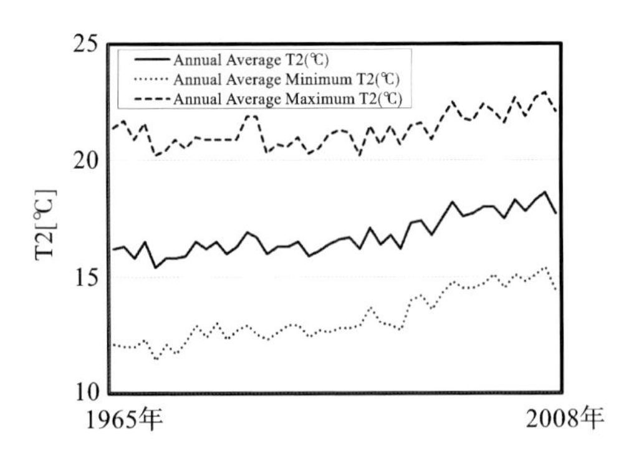

图 6-1　1965 年至 2008 年年平均 2 m 高度处气温、年平均最低气温、年平均最高气温

而在 1965 年至 2008 年间，同时也是武汉中心城区内水体面积消失最明显的 43 年。根据武汉市城市规划局的资料显示，1965 年武汉市水体面积为

518.25 km^2，至2008年，此数据下降到387.75 km^2。然而由于城市的复杂性及多变性，还有诸如城市建设、人工排热量的改变造成这43年间的气温升高，故难以通过统计数据得知由于水体面积改变这一单一变量所带来的城市中心区气候的改变程度。本章希望通过模拟计算的方式，定量化地分析水体变化这一单一变量对城市中心城区气候的影响程度。本章将依据这一研究目的分别设置1965年水体案例和2008年水体案例，通过模拟这两个案例下武汉中心城区的环境气候，得到水体面积减少对于城市气候环境的影响程度。

第二节　案例及边界条件设定

依据本章的研究目的，即水体面积的变化对武汉中心城区气候环境的影响，基于武汉市规划局的资料数据设置两个实际案例，分别命名为Case_1965、Case_2008。这两个案例间仅存在中心城区内水体面积的区别，依照各年水体面积的实际情况设置，详见图6-2。

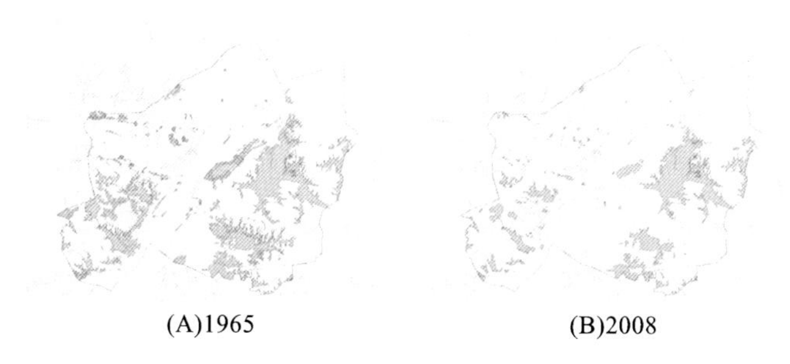

图6-2　1965年及2008年武汉中心城区内水体情况示意图，线框内为中心城区范围(武汉市规划局提供)

为了便于说明水体变化这一单一变量对城市气候的影响，本章两个案例使用同一气象边界条件，取2008年气温最高的三天进行模拟。这两个案例均使用美国国家环境监测中心(NCEP)提供的水平精度为1°×1°的final operational global analysis气象数据，选取从2008年7月23日2000 LST (local solar time)至2008年7月27日2000 LST这四天的数据进行模拟计算。

第三节　2008 年现状案例分析

通过对 2008 年(2008 年 7 月 23 日至 2008 年 7 月 27 日)温度最高的时间段进行模拟分析，得到 2008 年案例中早上 6 点及下午 16 点 2 m 高度处气温及 10 m 高度处风速情况，分别显示于图 6-3(A)、6-3(B)中。

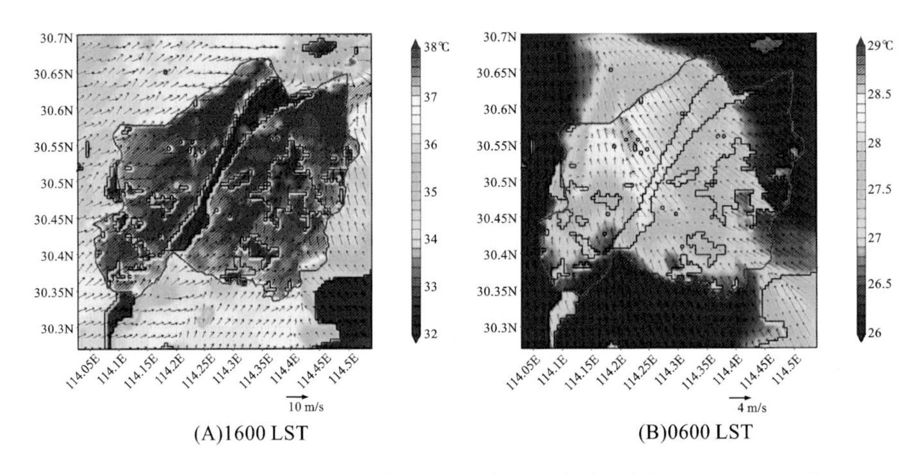

(A)1600 LST　　(B)0600 LST

图 6-3　2008 年夏季下午 16 点、早上 6 点 2 m 高度处气温及 10 m 高度处风速、风向模拟结果(自绘)

图 6-3 说明了在日出前的城市最低温时间段及午后的城市最高温时间段水体对城市热环境及风环境的影响情况。相对午后 16 点的情况来说，早上 6 点水体对城市起到一个类似“加温”的作用，而在午后，城市慢慢升温，达到最高点后，水体开始吸收周围热量，起到“降温”作用，这种降温在水体附近区域更为明显。

图 6-4 给出 2008 年夏季案例 2 m 高度气温(T2)、地表温度(TSK)、2 m 高度处水汽混合比(Q2)及地表面水分通量(UMF)的中心城区全域平均值日规律变化结果。在图 6-4(A)中，地表温度在下午 14 点达到 43.86 ℃的最高峰值。同地表温度相比，2 m 高度处气温峰值出现在地表温度峰值后的一个小时，即下午 15 点左右，最高值达到 37.88 ℃。在 2008 年夏季案例中，最

高温时间段内中心城区全域平均值的昼夜温差可达 11 ℃，2 m 高度处水汽混合比最高值和最低值之差可达 5 g/kg。

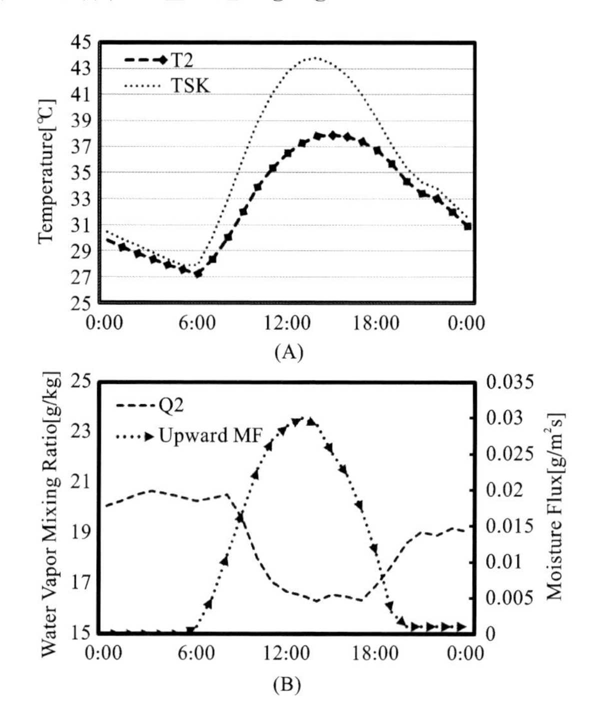

图 6-4　2008 年夏季案例 2 m 高度处气温(T2)、地表温度(TSK)、水汽混合比(Q2)及地表面水分通量(UMF)日规律变化结果

第四节　水体变化对中心城区热环境的影响

图 6-5 至图 6-7 给出 1965 年至 2008 年间由于水体面积的改变带来中心城区能量得失平衡、湿度、温度的改变。由于本章希望得到的是水体面积的改变对周边区域造成的影响，故不考虑由于用地属性的改变带来的直接气候环境变化。

图 6-5 给出了中心城区全域平均显热(H)、潜热(LE)、地表面热通量(G)及净辐射量(R_n)。由图 6-4 和图 6-5 可以知道，地表面温度同净辐射量

R_n 有较为明显的正比例关系，净辐射量为正午时带来地表温度的升高，反之降低。

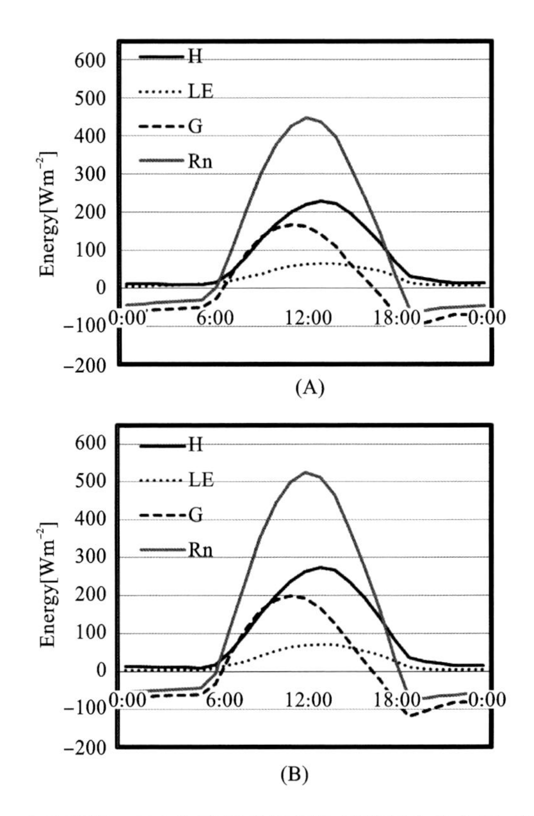

图 6-5　1965 年案例及 2008 年案例能量得失平衡日变化曲线，其中包括显热量(H)、潜热量(LE)、地表热量(G)以及净辐射量(Rn)(自绘)

图 6-6 显示的是在 1965 年水体面积更大的案例中，地表面水分通量在日出前及日落后明显大于 2008 年案例，而水体减少后的 2008 年案例在日出后及日落前在这一量上具有更高值。这主要是由于地表面水分通量和蒸发量有直接的关系。影响蒸发的因素包括水源、热源、饱和差、风速与湍流扩散。

在日出前及日落后，由于热源较为有限，可以将其忽略，虽然水体面积小的案例饱和差相对更大，但就这一时间段来说，主要因素应该是水源、风速与湍流扩散，由于水面较为空旷，造成这一时间段风速更强，蒸发量更大。

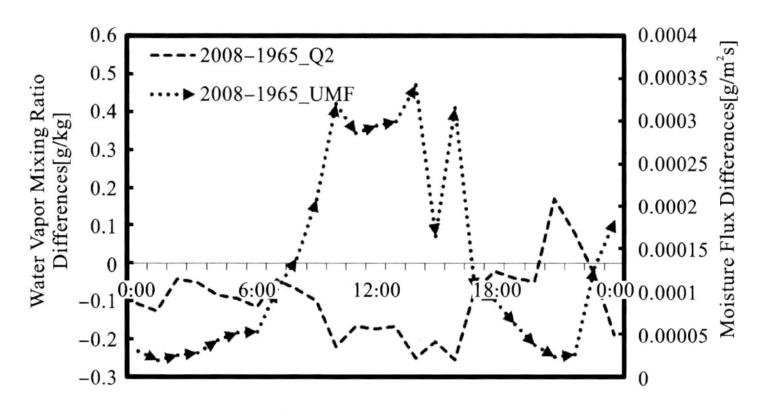

图 6-6　1965 年案例同 2008 年案例 2 m 高度处水汽混合比(Q2)及地表面水分通量(UMF)日变化规律差值(2008 年案例结果减去 1965 年案例结果)(自绘)

在日出后及日落前，由于水体面积的减少，路面相较水体升温快且蓄热量少，故温度更高，带来的湍流扩散效果更为明显，加上饱和差的作用，水体面积越小蒸发量可能越大。另外日出后及日落前的时间段由于太阳辐射加强蒸发作用，而水体面积较大的案例由于湿度较大，造成近水面区域水分饱和，从而阻止太阳辐射继续蒸发水分。

由于水体热容量是陆地的三倍，反射率却是陆地的三分之一，故水体比陆地能吸收并储蓄更多的热量，从而缓解周围环境中的废热负担。在此 WRF 模拟模型中，通过降低水体温度变化幅度来模拟这一过程，水体温度基本稳定在 27.6 ℃这一初始值上，仅有±0.3 ℃的变化幅度。相对于地表面水分通量来说，湿度代表项 2 m 高度处水汽混合比的值在水体面积较大的案例中具有较大值，特别在正午前后尤为明显。虽然在正午前后，由于水体面积减少，湿度降低了，但是蒸发量却更高，带来更大的潜热散热量。这也是为什么在相同温度下，湿度越高，通常人们感觉更热。

图 6-7 显示了 1965 年案例同 2008 年案例 2 m 高度处气温(T2)及地面温度(TSK)日变化规律差值(2008 年案例结果减去 1965 年案例结果)。显而易见，由于水体面积的变化，带来的 2 m 高度处气温较地表面温度的变化更大。并且由于水体面积变化带来的气温变化在晚上 22 点左右更为明显，

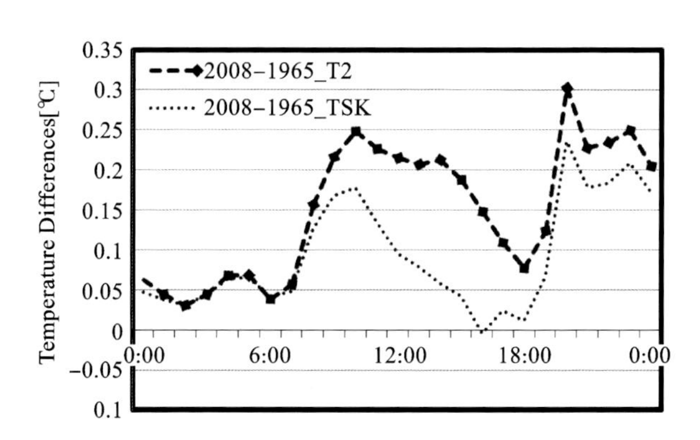

图 6-7　1965 年案例同 2008 年案例 2 m 高度处气温(T2)及地面温度(TSK)日变化规律差值(2008 年案例结果减去 1965 年案例结果)(自绘)

说明水体对环境的影响作用发生在这一时间段内。

为了了解因水体面积变化而在中心城区有显著气温变化的区域，图 6-8 给出由于水体面积减少导致中心城区内气温升高幅度高于 0.5 ℃的区域示意图。这些气温变化明显的区域有一个共同的特点，即位于该时段下风向的区域较多，并且在夜晚 20 点，这一升温区域几乎覆盖了全中心城区的五分之一面积。而这正是由于水体面积的减少削弱了水体对周围环境的降温效果，持续下去，废热在中心城区累积，将会造成城市中心城区进一步的升温，从而可能引起更严重的城市热岛效应。

为了说明水体对周围环境的降温作用及强弱程度，以武汉中心城区内的最大湖泊东湖为例，在东湖以南及以北方位各取一采样轴，离湖面距离由近至远分别在轴线上相隔 355 m 位置设有一点。采样轴线具体位置绘于图 6-9 中。此轴线同下午两点风向一致，风向为西南风，该轴线与凌晨 4 点的风向垂直，该时段风向为东南风。

图 6-10、图 6-11 分别表示东湖以南、以北采样轴上各采样点凌晨 4 点(A)及下午 14 点(B)2 m 高度处气温值。这两组图具有以下相同的特点。

(1) 在凌晨 4 点城市内气温最低的时间段，距离湖面越近的采样点气温值越高，并随着距离越来越远呈现明显的下降趋势。

(2) 在午后 14 点左右，城市中心区温度最高的时间段内，距离湖面越近的采样点气温越低，并随着距离越来越远呈现明显的上升趋势。

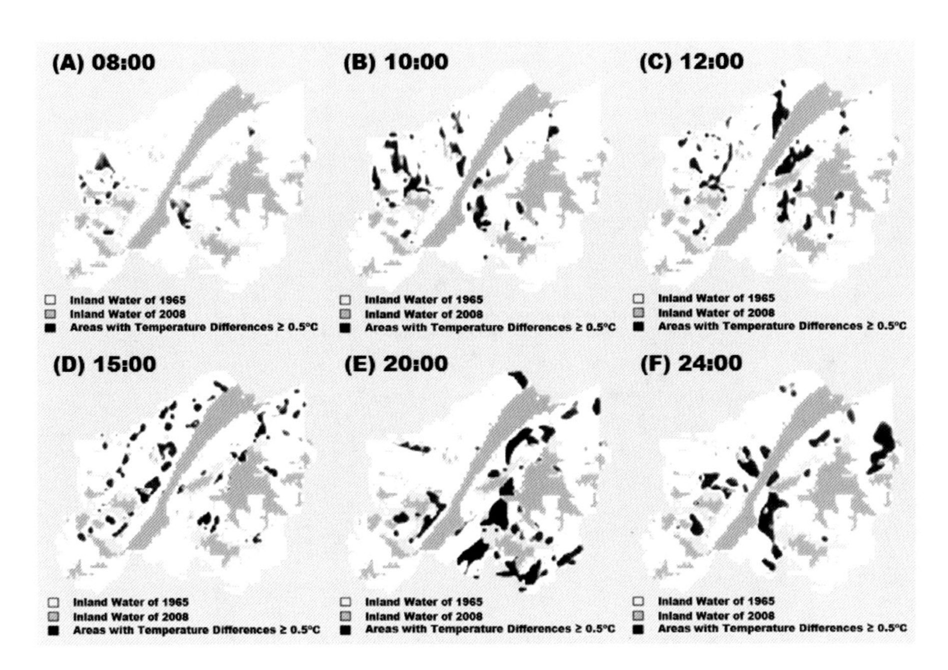

图 6-8　1965 年案例同 2008 年案例相比较，由于水体减少导致中心城区内气温升高幅度高于 0.5 ℃的区域示意图（不包括用地属性存在改变的区域，深黑区域代表满足条件区域）（自绘）

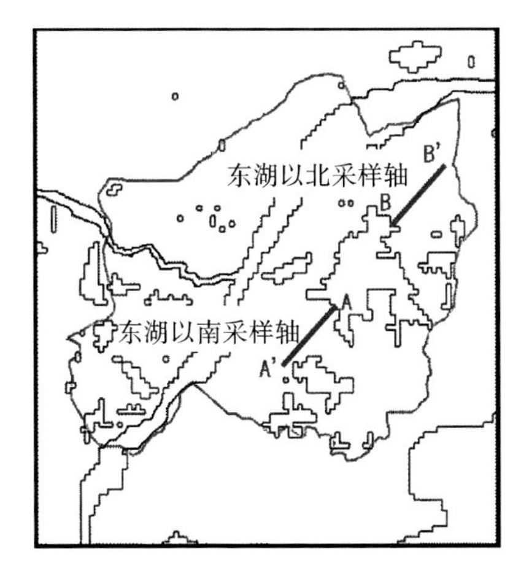

图 6-9　东湖以南及以北采样轴位置示意图（自绘）

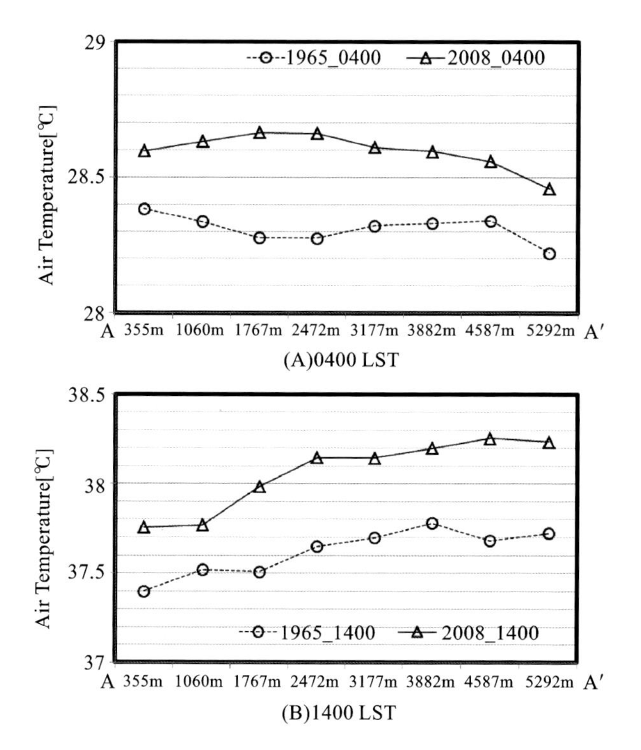

图 6-10　东湖以南采样轴上各采样点凌晨 4 点及下午 14 点 2 m 高度处气温值(横轴代表该点距离湖水边缘点的距离)(自绘)

(3) 水体面积降低后的 2008 年案例大部分采样点气温高于 1965 年案例。

产生这些现象主要是由于水体和陆地的属性差别所致,水体在白天吸收和储蓄更多的热量,对周围环境起到冷却降温的作用,而在夜晚,由于周围气温的降低,水体放出白天积蓄的热量,对周围环境起到升温加热的作用。这也是在水体面积更多的情况下,日夜温差小,城市内热环境更为稳定、温和的主要原因。

图 6-10、图 6-11 也存在一些明显的差别。

(1) 东湖以北区域水体变化带来的温度差不及东湖以南区域明显,这主要是由于在下午 14 点左右,东湖以北区域处于该时段风速下风向位置,高温积聚在此,造成水体的作用不明显。

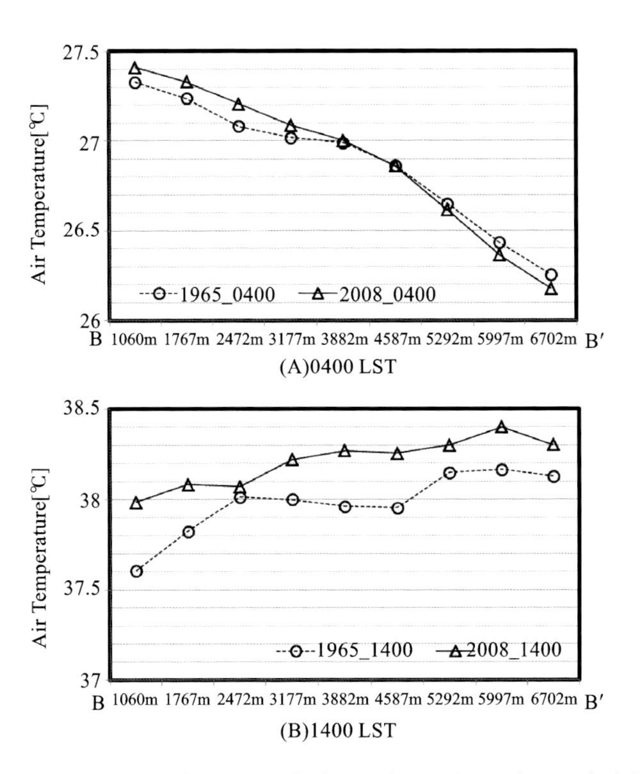

图 6-11　东湖以北采样轴上各采样点凌晨 4 点及下午 14 点 2 m 高度处气温值(横轴代表该点距离湖水边缘点的距离)(自绘)

(2) 东湖以北区域由于接近郊区,在凌晨 4 点,距离水面较远采样点气温下降非常明显,而位于城市中心地带的东湖以南区域,降温幅度仅在 0.2 ℃左右(5 km 距离)。

第五节　水体变化对中心城区风环境的影响

图 6-12 提供的是下午 14 点武汉中心城区范围内各处 10 m 高度处风速、风向值,其中黑色箭头代表 2008 年案例值,灰色箭头代表 1965 年案例值。通过不规则多边形划出的范围是风速或风向有明显变化的位置。可以看到,在下午 14 点,风速、风向明显变化的区域集中在该时段的下风向位置。

并且由于水体面积的减少，风速有少量增加的趋势，不仅风速上有变化，这一时间段由于水体面积的减少，风向也存在一定程度的向东偏转。这可能是由于水体面积减少，造成城市中心区内高温区域和低温区域的偏移，带来了由温度差形成的热力风。

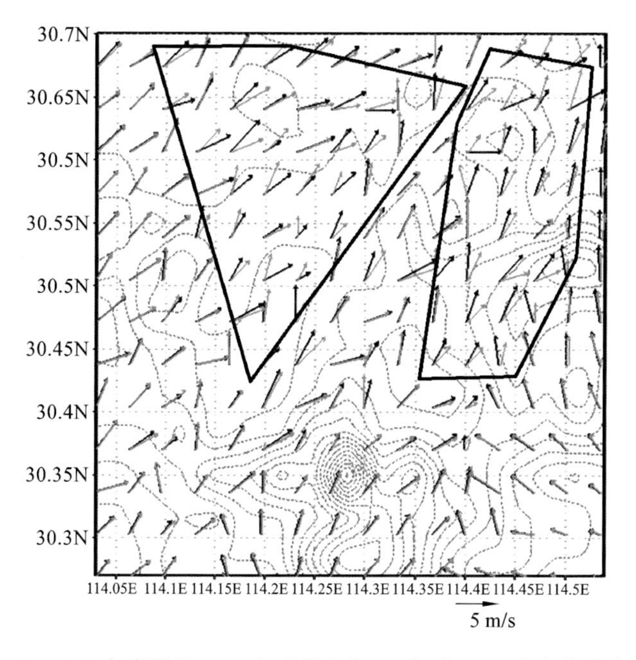

图 6-12　1965 年案例及 2008 年案例下午 14 点时 10 m 高度处风速比较直观图(其中黑色箭头代表 2008 年案例风速、风向值，灰色箭头代表 1965 年案例，风速、风向值，灰色虚线代表该地区等高线)(自绘)

第六节　水体变化对中心城区热岛强度的影响

图 6-13 给出了 1965 年案例及 2008 年案例武汉中心城区全域平均热岛强度日变化值。由于水体面积的减少，武汉市城市热岛问题越来越严重这一现象得到了说明，且全域平均热岛强度值的升高最高可达 0.4 ℃，发生在

夜晚23点左右。日出前，因水体面积改变而造成的热岛强度变化很小，日中热岛强度的升高较为均匀，各时间段升高幅度相等。

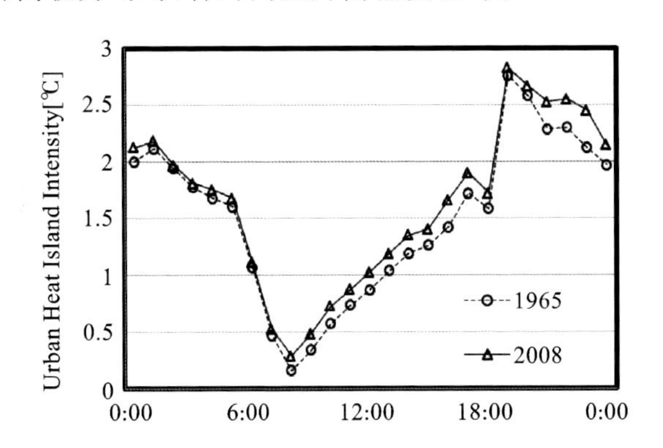

图6-13　1965年案例及2008年案例武汉中心城区全域平均热岛强度日变化值(自绘)

图6-14、图6-15分别给出了江岸区及青山区1965年案例及2008年案例在凌晨4点、正午12点及下午17点风速对热岛强度的缓解作用比较图。两个区域不同的是，在凌晨4点缓解热岛强度所需的风速，在青山区，1965年案例需要略高于2008年案例，而在江岸区结果正好相反。江岸区结果正好说明，虽然在凌晨4点1965年案例的热岛强度值同2008年案例的热岛强度值差别不大，但是城市内水体面积的减小使得热岛现象在城市中心区更为严重，需要较高的风速才能缓解这种城市中心积聚高温的现象。而青山区由于位于城市下风向区域，带来水汽的积聚，将白天积蓄的热量排放到周围较冷的空气中，所以形成了同城市中心区域完全相反的现象。

作为城市中心区域的代表，江岸区在正午12点及午后17点同样显示了类似凌晨4点的结果，即由于水体面积更多，使得热岛问题更易被“治愈”。青山区由于处于近郊及下风向位置，情况比较特殊，无论是在凌晨4点还是其他采样时间点都表现出了其特殊性。比如在正午12点出现了交叉点，导致需要分情况讨论，再比如在下午17点，虽然1965年案例的热岛强度值明显低于2008年案例，但风速缓解热岛问题的直线斜率却高于2008年案例结果。

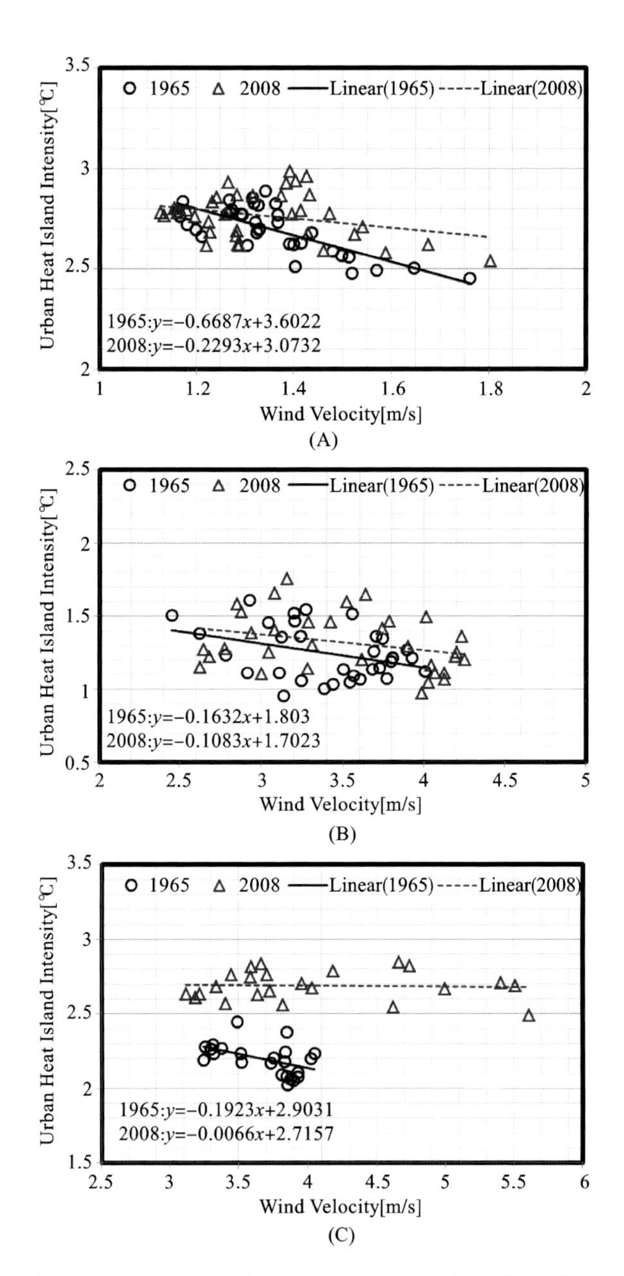

图 6-14 江岸区范围内 1965 年案例、2008 年案例凌晨 4 点、正午 12 点及下午 17 点风速对热岛强度的缓解作用比较(自绘)

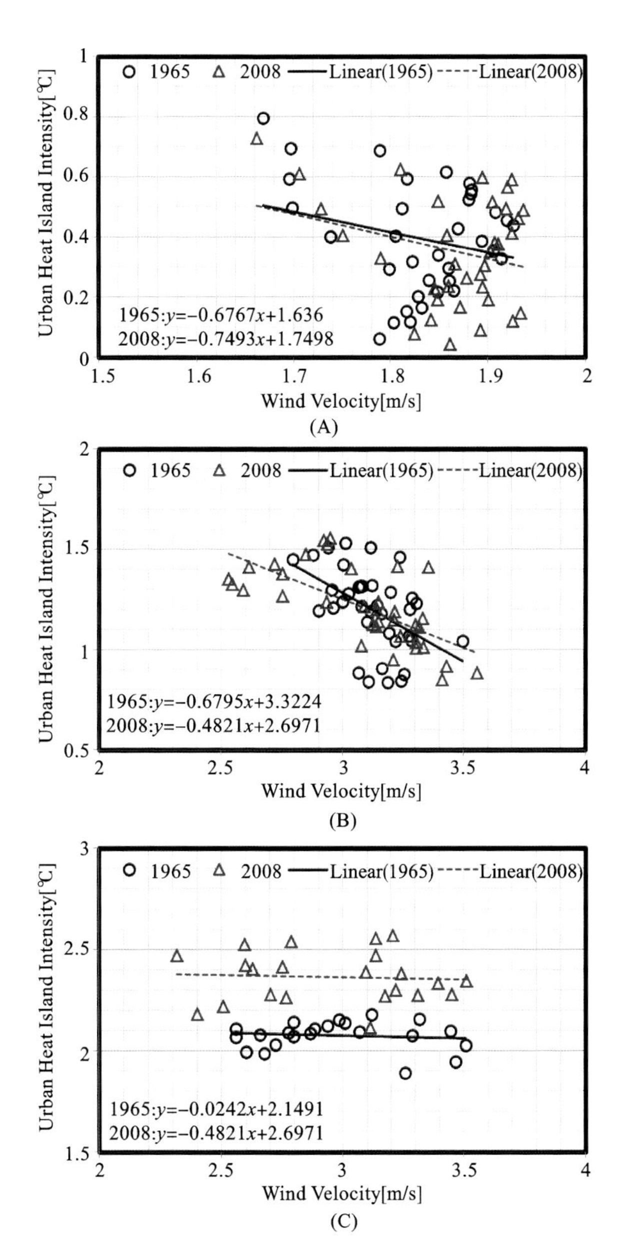

图 6-15　青山区范围内 1965 年案例、2008 年案例凌晨 4 点、正午 12 点及下午 17 点风速对热岛强度的缓解作用比较(自绘)

第七节 讨论与小结

通过本章案例对比，不难发现水体面积的减少会带来以下几个方面的结果。

(1) 相对湿度(文中代表为2 m高度处水汽混合比)随着水体面积的减少而降低，然而在日出后及日落前的阶段，因相对湿度的降低，反而带来蒸发量的上升，从而达到通过潜热散热量的增长使城市中心区内废热量降低的效果。

(2) 由于水体面积的减少，风速值有一定程度的上升。这主要是由于高温浮力上升带来的不稳定层结所导致，除风速值升高这一现象外，风向也有稍微的东向偏转。

(3) 水体面积的减少带来了明显的热岛强度升高，不只如此，更为明显的是由于水体面积的减少，导致能“治愈”热岛现象所需要的风速值越来越高，这在一方面也显示出热量积聚的趋势，任此状况长年累月发展下去会导致越来越严重的城市热岛问题。

另外，本章也提到与气温一样，湿度更高可能带来更大的不舒适感问题，虽然1965年的案例具有更低的气温，但2008年的案例却具备更高的风速以及更低的湿度，把这些条件综合起来，哪个环境下带来的舒适度更高，这个问题值得继续深入探讨，这一方面也是本研究今后的深入方向。

第七章　不同的城市发展模式对中心城区的影响

本章将从武汉市实际情况出发，对武汉市未来50年的发展用地需求作出预测，利用城市气候模拟技术，针对50年后可能遇到的用地紧张问题，给予一些利于环境、利于武汉市持续发展的策略、建议和想法。

首先，在满足50年后武汉市用地需求量的前提下，给出两类城市发展模式：①纵向发展，城市中心区向着高层化方向发展；②横向发展，城市中心区向着高密度化方向发展。比较这两种城市发展模式对城市环境气候的影响，并另外设置几个案例，探讨在高人工热排放的情况下，哪种发展模式对高人工热排放造成的城市热环境恶化起到的缓解作用更加明显。

再者，给出一个极端情况的假设，即在用地面积紧张的情况下，将武汉中心城区内水体全部填埋变成建设用地，研究这种情况会对武汉中心城区气候环境产生多大程度的影响。一方面是对极端情况的预测，另一方面也在为最恶劣的情况进行模拟估算。

第一节　高层化及高密度化发展模式对武汉中心城区气候的影响

一、案例及边界条件设定

案例从实际出发，根据武汉市统计局提供的全市总人口历年调查结果，预测在出生人口增长率不变的前提下，50年后全市总人口数，显示于图7-1中。根据2010年统计局数据显示，武汉市全市人口为995万，其中城镇人口为745万，中心城区人口占全市总人口的30%。伴随着城市化进程的加快，城市人口比例增加成为必然趋势，据全球资料统计，1900 年城市人口所占比例为 13.6%，1950 年发展为 28.2%，到 1960 年此比例已经增长到 33%，1970 年为 38.6%，1980 年达 41.3%。发达国家城市人口所占比例在 1980 年的平均值已达 70.9%，其中美国为 77%，加拿大为 75.5%，日本为 78.3%，德国达到 84.7%，英国甚至达到 90.8%。据此，本书推测 50 年后武汉市城市化率将达到发达国家同类地区水平，城市人口占全市总人口比例上升到 70%左右，届时城市中心区需要容纳 1120 万人口生活、工作，在人均居住及工业用地基本保持不变的前提下，主城区用地需求量在 50 年后增长到 530 km^2 左右。

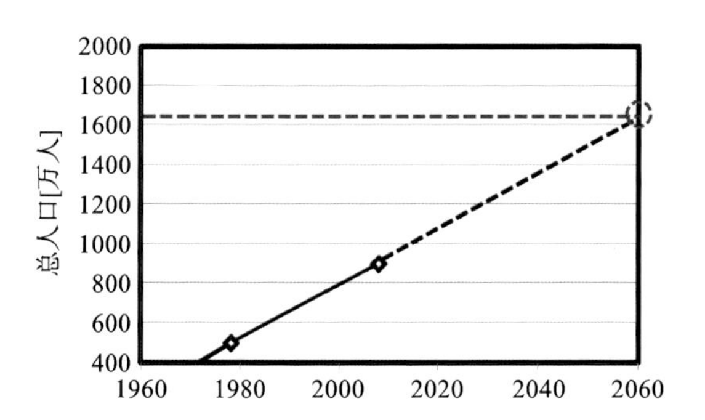

图 7-1 武汉市未来 50 年人口总数增长预测(自绘)

由此得到高层化发展模式及高密度化发展模式的城市布局方案，并根据不同的人工热排放量设置 6 个案例，分别命名为 V_1、V_2、V_3 及 H_1、H_2、H_3，案例详情见表 7-1。

表 7-1 案例设置详情

要　素	强　度	V_1	V_2	V_3	H_1	H_2	H_3
绿化率/(%)	强度 1&2 区	50	50	50	20	20	20
	强度 3 区	55	55	55	25	25	25
	强度 4&5 区	60	60	60	30	30	30
建筑高度/m	强度 1&2 区	111	111	111	42	42	42
	强度 3 区	99	99	99	30	30	30
	强度 4&5 区	87	87	87	24	24	24

续表

要　　素	强　　度	V_1	V_2	V_3	H_1	H_2	H_3
屋顶宽度/m	强度 1&2 区	55	55	55	85	85	85
	强度 3 区	34	34	34	65	65	65
	强度 4&5 区	24	24	24	45	45	45
城市非绿化用地占比	强度 1&2 区	50	50	50	80	80	80
	强度 3 区	45	45	45	75	75	75
	强度 4&5 区	40	40	40	70	70	70
人工排热值/(W/m^2)	强度 1&2 区	140	240	340	140	240	340
	强度 3 区	60	160	260	60	160	260
	强度 4&5 区	40	140	240	40	140	240

本研究模拟 2011 年 8 月 12 日至 2011 年 8 月 15 日间的不同城市空间布局下的气候情况，取 8 月 15 日结果作为代表数据分析讨论。边界条件通过调用 National Center for Atmospheric Research（NCAR）NECP/NCAR fnl 全球气象数据，输入当天的气候数据作为初始值进行模拟计算。

下面将从气温、热平衡、风速、风向、热岛效应以及风速对热岛的缓解效果几个方面分析比较这两种城市发展模式对城市环境的影响作用，以及在高人工热排放下对城市环境恶化的缓解效果比较。

二、结果分析

（一）两种发展模式对武汉中心城区热环境的影响

本章首先探讨的是高层化及高密度化的城市中心区发展模式对 2 m 高度处气温的影响比较。图 7-2 给出了凌晨 4 点、正午 12 点、午后 15 点、下午 17 点及夜晚 22 点，高层化 V_1 案例及高密度化 H_1 案例气温及风速示意图，并两两比较，说明高层化、高密度化城市发展模式在不同时刻对气温的影响异同点。图 7-2A、7-2B 给出凌晨 4 点的气温分布图，由图 7-2A 所示的高层化发展后城市中心区结果可以发现，在凌晨 4 点，高层化案例气温高于高密度化案例，值得一提的是，在其余时间无论是正午、午后、下午还是夜

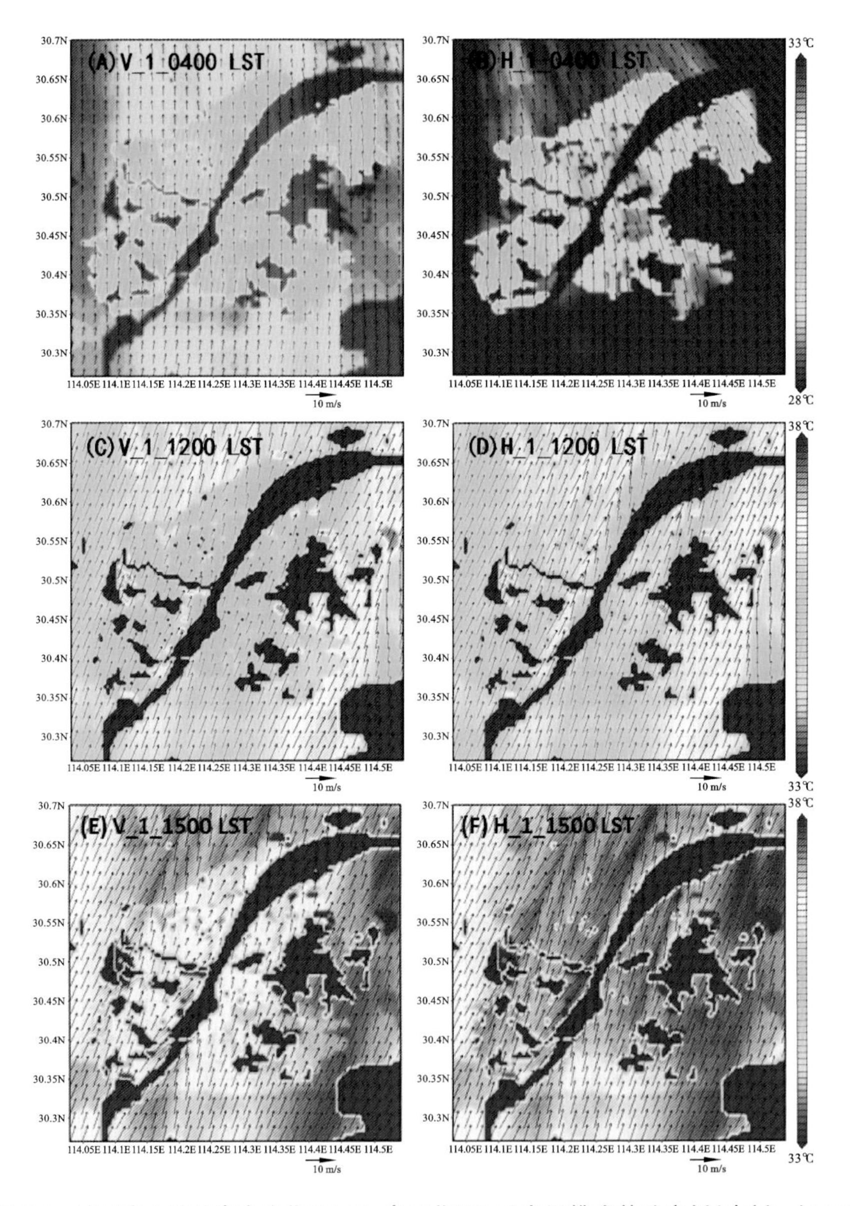

图 7-2　武汉中心城区高密度化(H_1)、高层化(V_1)发展模式基础案例(案例一)0400 LST、1200 LST、1500 LST、1700 LST、2200 LST Domain3 内 2 m 高度处气温及 10 m 高度处风速模拟结果的比较(自绘)

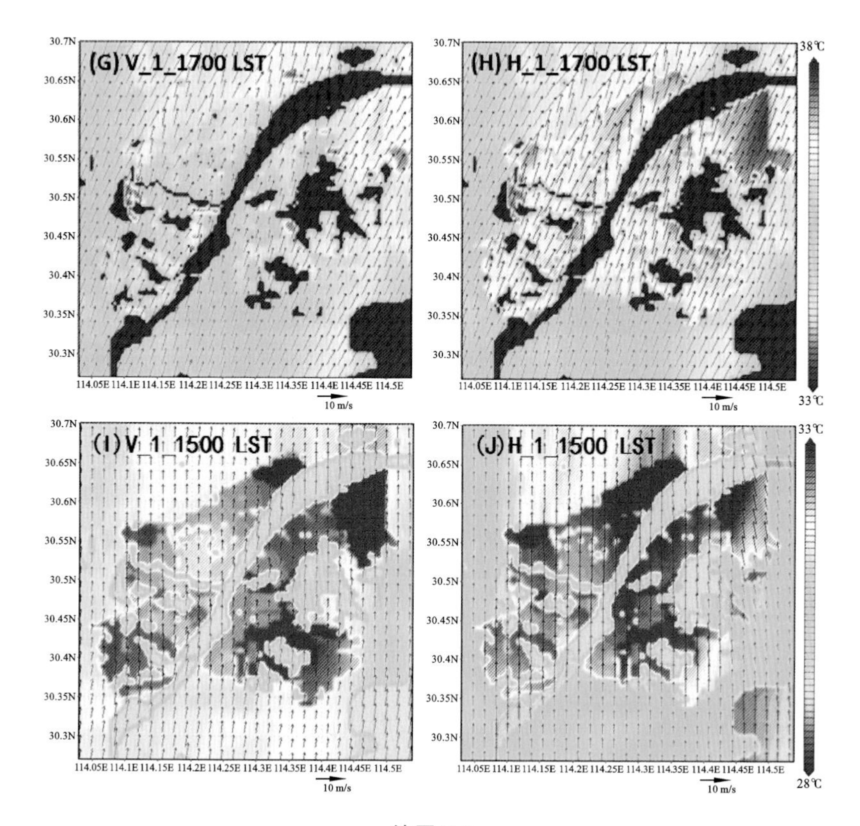

续图 7-2

晚，高密度化案例的气温均高于高层化案例。

从正午起，高密度化案例气温均高于高层化案例气温，且在下午 17 点左右气温差最大。在白天时高层化案例气温明显低于高密度化案例，而在一天最冷的时间，高层化案例气温却高于高密度化案例。这一结果说明，高层化城市发展模式能防止白天城市中心区的高温问题，这主要是因为高层建筑对街道的遮挡效果，街峡内受太阳辐射的影响小于高密度、低层的城市发展模式。然而，虽然高层化案例在白天的高温过热问题得到了明显缓解，但由于建筑材料的高蓄热性，高温问题在夜晚暴露出来，在一天中温度最低的 4 点，高层化案例的城市中心区大部分地区气温仍在 30 ℃左右。在高层化发展模式下，城市中心区午后的温度相对较低，然而 10 m 高度处风速普遍低于高密度化发展模式。高楼对 10 m 高度处风速有影响，可以理解为如屏

风一般阻碍城市通风。

V_2、V_3、H_2 及 H_3 案例增加了人工热排放量对城市气候的影响，试图讨论高层化及高密度化发展模式对逐渐增加的人工热排放量所带来的城市高温化问题的缓解作用。

图 7-3 给出高层化及高密度化发展模式下人工热排放量增加带来的气温变化程度示意图。图 7-3(A)显示高层化案例人工热排放量平均增加 100 W/m² 后的气温变化值，与之形成对比的是图 7-3(B)所示的高密度化案例气温变化值。比较图 7-3(A)与图 7-3(B)得到，在人工热排放量增长程度相同的前提下的凌晨 4 点、正午 12 点、下午 18 点及夜晚 22 点气温变化程度。在正午及下午，对比高层化及高密度化案例，人工热排放量增长后带来的气温变化程度基本相同，且城市内各个位置均有相同程度的升温，升温在 0.5 ℃左右。在凌晨及夜晚，高密度化案例升温更为明显，大部分地区在 1～1.5 ℃，下风向位置更是可达 2 ℃。同时间段高层化案例升温在 1 ℃左右，且升温随风向移动在下风向位置累积的现象没有高密度化案例明显。推测此现象的成因，可能是因为高层化案例在夜晚及凌晨时间段的气温本身就比较高，在此基础上，人工热排放量的增加造成的气温增加不及高密度化案例的多。夜晚受人工热排放量增加的影响，温度升高更多，说明人工热排放主要对夜晚城市中心区内的气候环境产生影响，故针对缓解人工热排放对城市气候的影响，主要应该从夜晚入手。图 7-3(C)显示高层化案例人工热排放量平均增加 200 W/m² 后的气温变化值，与之形成对比的是图 7-3(D)所示的高密度化案例气温变化值。人工热排放量进一步升高后，对高密度化案例正午的气温变化几乎无影响，并且在白天时，高层化案例气温的升高超过高密度化案例，然而在夜晚，同人工热排放量增加 100 W/m² 的情况类似，高密度化案例的升温高于高层化案例。除此之外，高密度化案例在夜晚升温区域有明显的受风向影响的迹象，且温度积聚在下风向区域，然而这一现象在高层化案例中没有明显迹象，究其原因可能是高层化案例 10 m 高度处风速太小，无法起到影响气温的作用。

在高层化案例中，夜晚由于人工热排放量的进一步升高，产生了 1.8～2 ℃的升温，而白天升温仅在 0.8 ℃左右。在高密度化案例中，夜晚由于人工

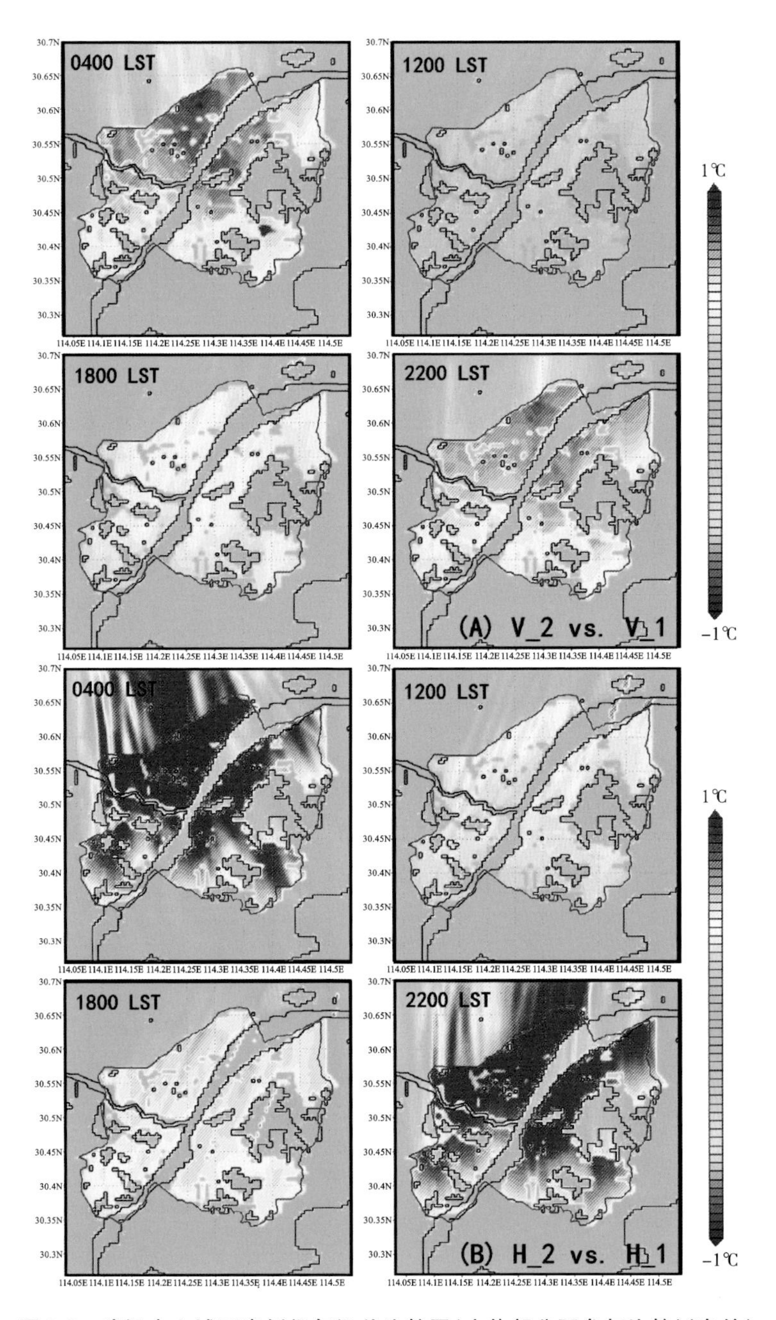

图 7-3　武汉中心城区案例间气温差比较图(水体部分不参与比较)(自绘)

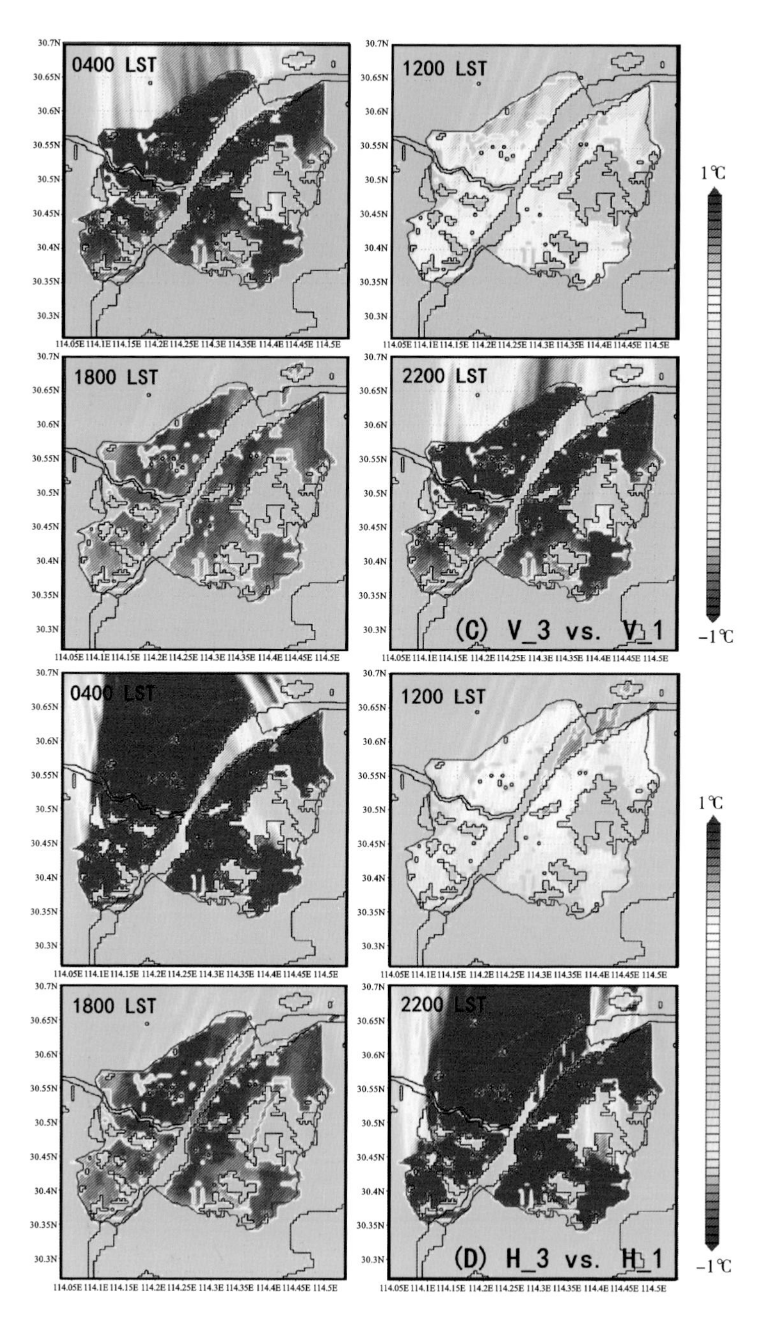
0400 LST
1200 LST
1800 LST
2200 LST
(C) V_3 vs. V_1
0400 LST
1200 LST
1800 LST
2200 LST
(D) H_3 vs. H_1
1℃
-1℃
1℃
-1℃

续图 7-3

热排放量的进一步升高，产生了近 2.5 ℃的升温，白天却只有 0.5 ℃左右的升温。这一组案例比对结果说明，在缓解由于人工热排放造成的气温升高问题时，高层化发展模式可以起到更为明显的作用，特别是针对高人工热排放量的情况，缓解作用更为明显。在城市中心区这类人工热排放量相对较大的区域，通过增加建筑高度的方式满足日益严峻的用地需求，会是一个既利于经济发展，又对城市气候影响较小的发展模式。

为了进行定量化评价，给出分区域 6 个案例气温日变化比较图，如图7-4所示。图 7-4(A)表示洪山区高密度化、高层化发展模式在人工热排放量逐渐递增下的气温日变化值。不难看出，高层化发展模式的日夜最大温差比高密度化小 2 ℃左右。由此可以发现，在洪山区，从正午 12 点到下午 18 点，高层化案例普遍具有更低的温度，甚至在平均人工排热量多 200 W/m^2 的情况下，V_3 案例气温仍低于 H_1 案例。虽然这部分热量没有带来白天气温的升温，但是在凌晨 0 点到 8 点，及夜晚 20 点之后，情况正好反了过来，由于建筑多为高蓄热材料，白天储存的热量在夜晚释放到了街峡中，带来了气温高于 30 ℃的“酷暑夜”。这一现象也说明，高层化发展模式虽然因为建筑物起到的遮阳作用降低了白天的街道气温，但建筑物蓄热量的增加及通风效果的衰减，造成夜晚气温的升高。图 7-4(B)显示武昌区的气温日变化值，相比洪山区的情况，武昌区内采用的高层化发展模式并不像洪山区内有那么严重的“酷暑夜”问题，但是这两个区域的白天高层化案例的优势不及其夜晚的劣势明显。图 7-4(C)显示了汉阳区内高密度化、高层化共 6 个案例的气温日变化值，不同于洪山区和武昌区，高层化案例在白天具有非常明显的低温优势，并且在汉阳区内，此种发展模式同高密度化相比气温并没有更高。同样的情况也出现在了江岸区[图 7-4(D)]及青山区[图 7-4(E)]，甚至在这两个区域，高层化案例具有绝对的优势，无论在白天还是夜晚，这种优势在人工热排放量越大的情况下越明显。之所以出现这种现象，应该是由于夏季夜晚的主导风向是东南风，所以位于武汉市东南部的洪山区及武昌区受风速影响更为明显。除此之外，汉阳区、江岸区及青山区由于人工热排放量的不同，造成的气温差别在两类发展模式的 6 个案例中也不及武昌区及洪山区明显。除了对 2 m 高度处的气温作出比较，本节还将对城市冠层内的能量得失量进行对比，以便了解城市中心区高温的来源及滞留情况。

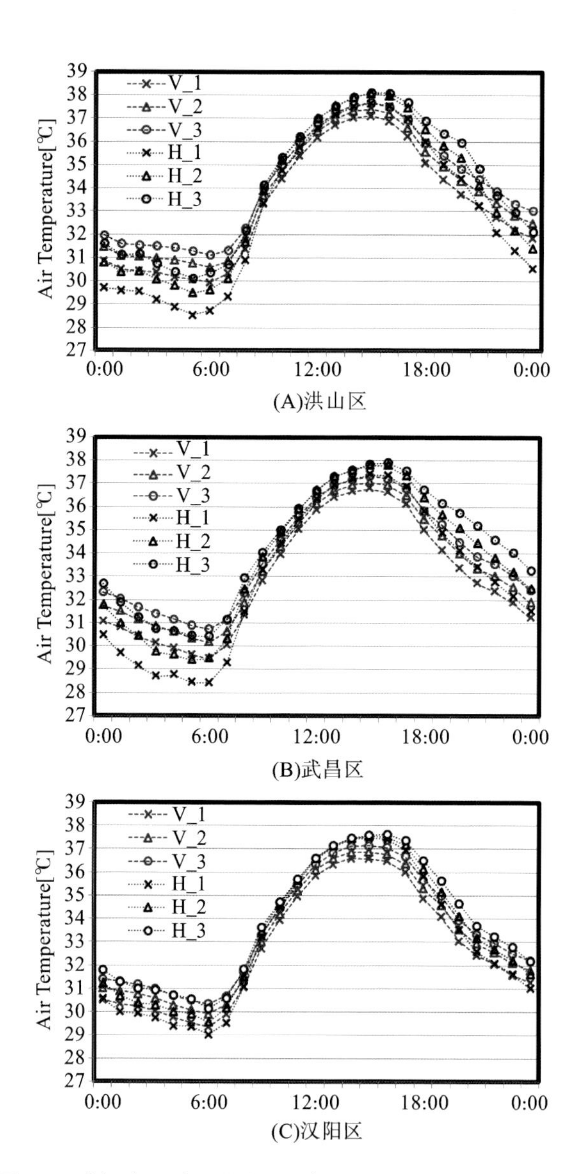

(A)洪山区

(B)武昌区

(C)汉阳区

图 7-4　武汉中心城区洪山区、武昌区、汉阳区、江岸区及青山区内采样点 2 m 高度处气温日变化值(自绘)

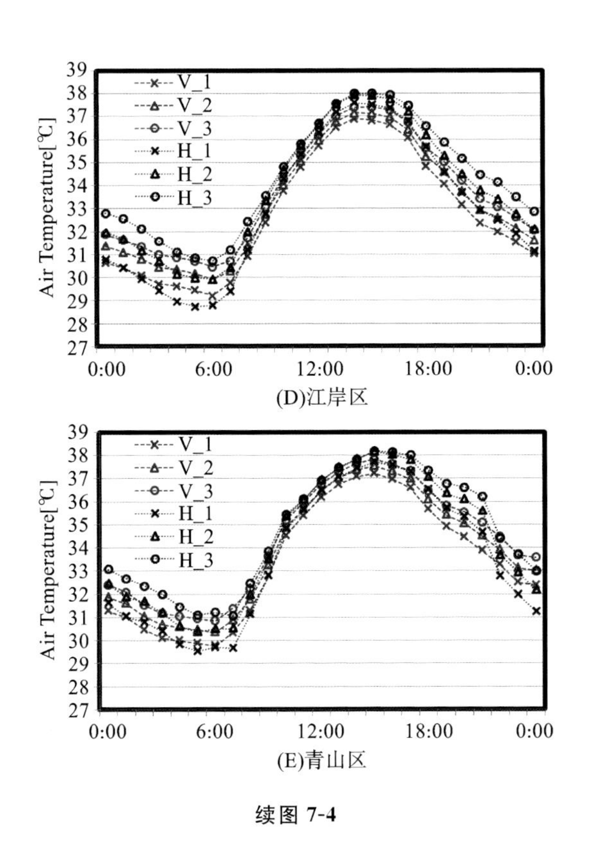

续图 7-4

图 7-5 给出了高层化发展模式下不同人工热排放量带来的能量得失的改变。图 7-6 给出高密度化发展模式下不同人工排热量带来能量得失的改变。除了讨论不同发展模式下人工排热量不同带来的差别，本节还会比较不同发展模式造成的能量得失的不同，从热来源上探讨气温产生差别的原因。

如图 7-5 所示，针对高层化案例人工热排放量的改变对能量得失的影响，可以发现人工热排放量的改变主要影响到显热量的改变。而这些显热量的改变并没有对其他能量得失产生改变。然而图 7-5 所示的高密度化案例情况就有些许不同，除了显热量的改变之外，通过地面流失的热量也有略微的变化，特别是在人工热排放量更大的情况下，通过地面流失的热量也更多、更明显，然而这一现象在高层化案例中并不存在。值得一提的是，通过

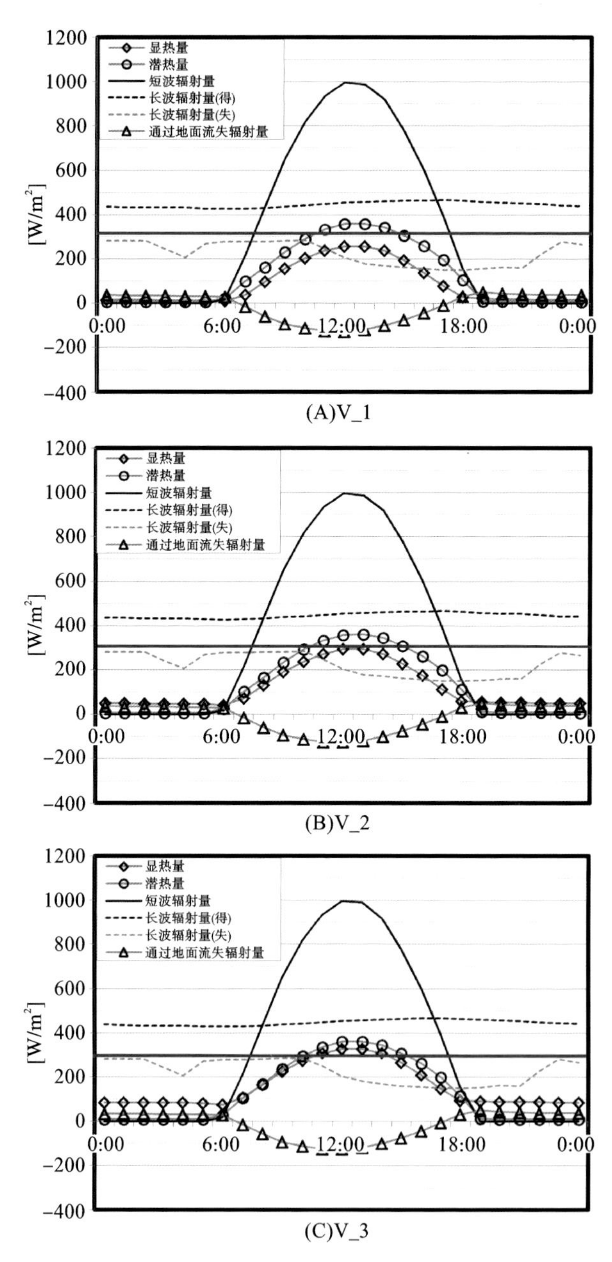

图 7-5 武汉中心城区高层化发展模式下不同人工热排放量情况下能量平衡日变化曲线(自绘)

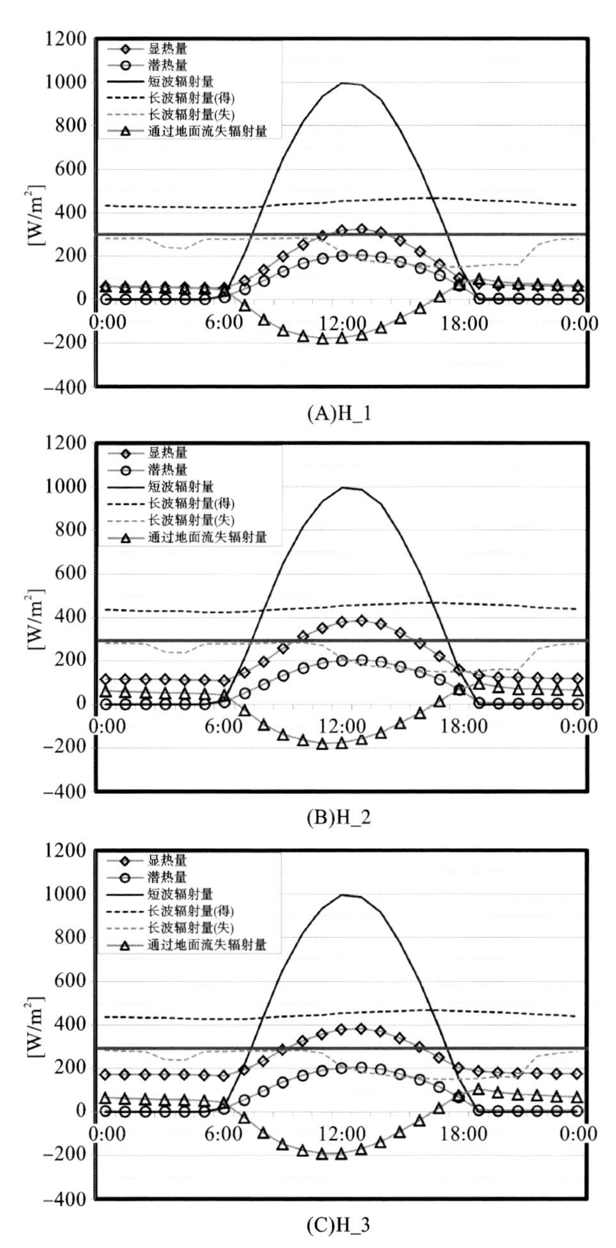

图 7-6　武汉中心城区高密度化发展模式下不同人工热排放量情况下能量平衡日变化曲线(自绘)

比较高密度化案例二和高密度化案例三，发现虽然人工热排放量有 100 W/m^2 的增长，但显热量基本没有变化，仅通过地面流失的热量有明显增加。这说明当人工热排放量的增长超过某一阈值时，多余的能量通过土地进行储存，并在外界环境较冷的时候释放出来。

分别对应比较图 7-5 及图 7-6 中的各个案例，发现高密度化案例及高层化案例在能量得失方面最大的区别在于以下三点。

（1）高层化案例的潜热量高于高密度化案例。

（2）高密度化案例的显热量明显高于高层化案例。

（3）高层化案例中通过地面流失的热量值也普遍更高。

正是因为以上三个方面的原因，相较于高密度化发展模式，高层化发展模式下的气温更低。潜热量的释放会帮助整个城市区域带走更多的废热，而对城市温度变化没有影响，所以潜热量越高，城市内气温越低。在高层化案例中，潜热量较高的原因主要是由于高层化案例向着高处发展，在同样的用地面积情况下，空出更多土地面积，可供绿化使用，以通过植被增加城市中心区的潜热量的方式带走废热，从而给城市降温。由于高层建筑之间的互相遮挡，造成城市街峡内受热面积的减少，街峡内各表面的温度在有太阳光直射的阶段明显低于高密度化案例，温度差相对较小，因此高层化案例的显热量低于高密度化案例，这也是高密度化发展模式下气温更高的根本原因。高层化案例由于采用多层次复合使用城市空间的方式，空出的更多土壤地面除了可以多栽培植被，达到提高潜热散热的作用外，也可以吸收并储存更多的废热，并在外界气温较低的时候释放出来，这是一种非常自然的调节环境的手段。

通过比较高密度化、高层化案例能量得失情况，明确了高层化案例具有更低气温的原因，下面除了对高密度化、高层化案例热环境的影响进行比较分析外，还希望通过对风环境的分析进一步比较这两种发展模式的优缺点。

（二）两种发展模式对武汉中心城区风环境的影响

图 7-7 显示的是高密度化案例一（H_1）、高层化案例案例一（V_1）10 m 高度处风速及风向的差别比较图，黑色箭头代表高层化案例结果，灰色箭头代表高密度化案例结果，并节选代表时刻凌晨 4 点（A）、早上 9 点（B）、正午

12 点(C)、午后 15 点(D)。

图 7-7(A)显示了凌晨 4 点高层化案例及高密度化案例风速、风向比较结果,高层化案例风速明显低于高密度化案例,城市布局方式的不同不仅会对风速产生影响,同时使风向也有明显改变,高层化案例及高密度化案例有明显风向改变的区域在这一时刻主要集中在 Domain3 东北角区域。高层化案例具备更加安静稳定的风环境,主要是由于该时刻此种案例气温较低,造成气流热力动能不及高密度化案例。

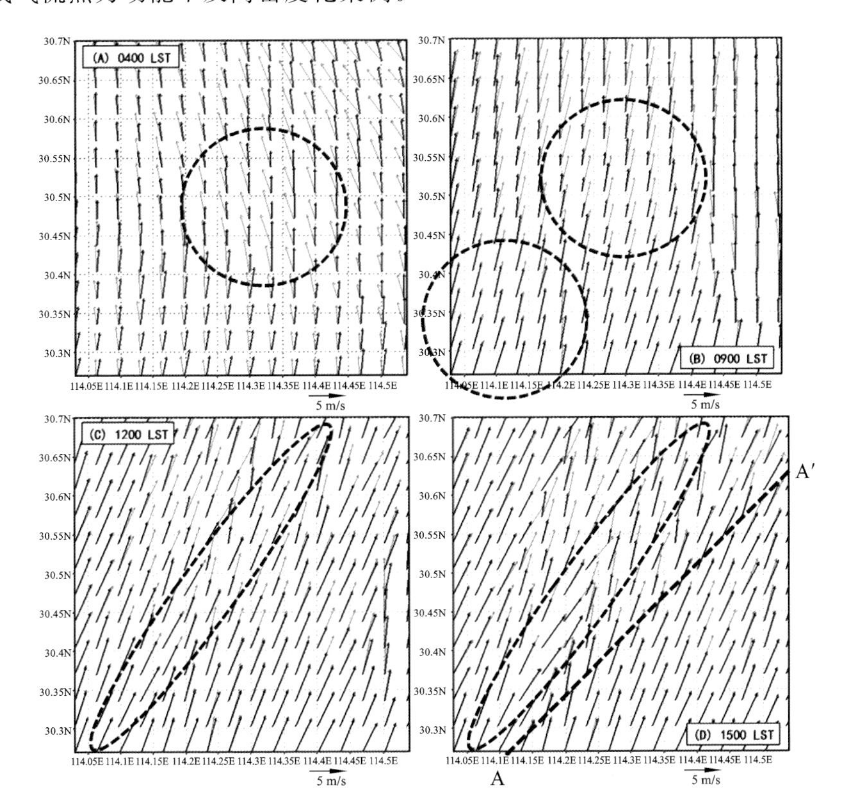

图 7-7　Domain3 内各采样时间点风速模拟结果,高层化案例一(V_1,黑色箭头)同高密度化案例一(H_1,灰色箭头)结果间比较(自绘)

图 7-7(B)给出了上午 9 点的高层化及高密度化案例的风向、风速比较结果,可以发现在这一时刻,风主要从武汉西南角的市郊吹来,在高层化案例中,由市郊进入市区的风速明显减弱,这有别于高密度化案例。在高密度

化案例中，当从市郊吹来的风通过中心城区后，风速增加，并有明显向东北向偏转的趋势，这应该是因为受到了中心城区内高温增加的热力动能产生的加速及偏转作用。高层化案例风速的减弱主要还是因为高楼形成了类似屏风的效果。图 7-7(C)显示了正午 12 点高层化案例、高密度化案例风速结果比较。同凌晨 4 点和上午 9 点情况类似的是，在高密度化案例中，城市中心区风速明显高于高层化案例。值得一提的是，在高层化案例中，Domain3 中心部有一段区域的风速明显高于城市中心区的其他区域，根据位置可知正好为长江所在区域，更说明风速的降低主要是由于受到高楼屏风式遮挡的影响。并由此可以想到，若要缓解高层化发展模式风速过低的问题，可以在主导风方向设计通风道，帮助城市中心区内部通风。图 7-7(D)显示下午 3 点高层化案例、高密度化案例风速及风向结果比较。在这一时刻，高密度化案例和高层化案例之间的风速及风向差异渐渐有变小的趋势。为了进一步说明两种发展模式下气流由城郊进入市区后的风速变化情况，我们取采样轴 AA′，显示风速变化情况如图 7-8 所示。

图 7-9 给出高层化案例 1 及高密度化案例 1 10 m 高度处风速、风向平均值 24 小时日变化规律图。从上午 9 点起至晚 20 点，由发展模式的改变带来的风环境变化仅存在风速上的不同，风向上并不存在差别。在风向上，高密度化发展模式相较于高层化模式而言会有近 30°的东北向偏转。说明城市发展模式不仅会带来诸如温度升高的变化，还会带来明显的风向改变，彼时经验所知的城市主导风向可能需要有小范围的调整。届时在建筑设计、街道走向布局设计上也应该需要有相应程度的调整，从而实现引入自然通风的设计策略。

为了便于定量化地比较分析高层化案例及高密度化案例不同人工热排放量情况下风速的高低，图 7-10 给出了武汉中心城区内洪山区、武昌区、江岸区、汉阳区及青山区 5 个采样区域高层化及高密度化共 6 个案例的风速平均比较图。洪山区 6 个案例比较结果显示于图 7-10(A)中，在高层化及高密度化两种发展模式下，最大的风速差可达 5 m/s，并且当人工热排放量越大时风速差越大，这主要是因为高密度化案例的风速值随着人工热排放量的增加而增加，特别是从高密度化案例 2 到高密度化案例 3 的情况下，风速有

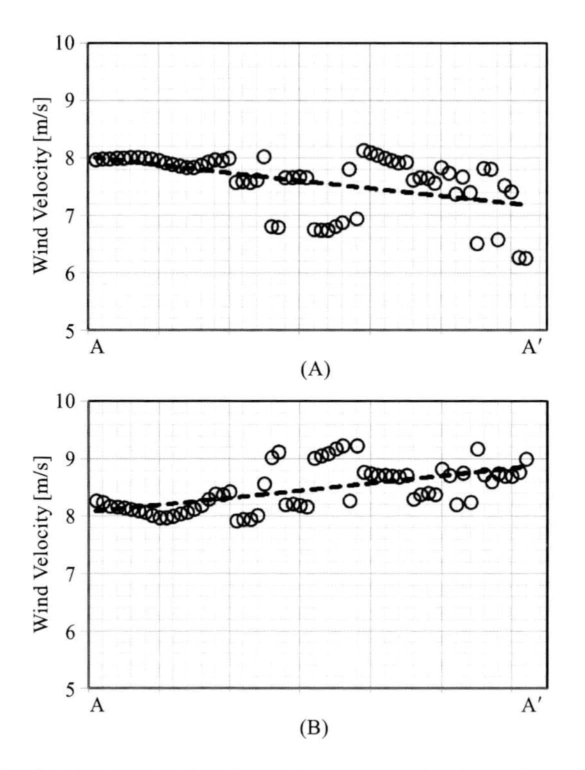

图 7-8　高层化(A)和高密度化(B)发展方式下采样轴线上风速变化情况(自绘)

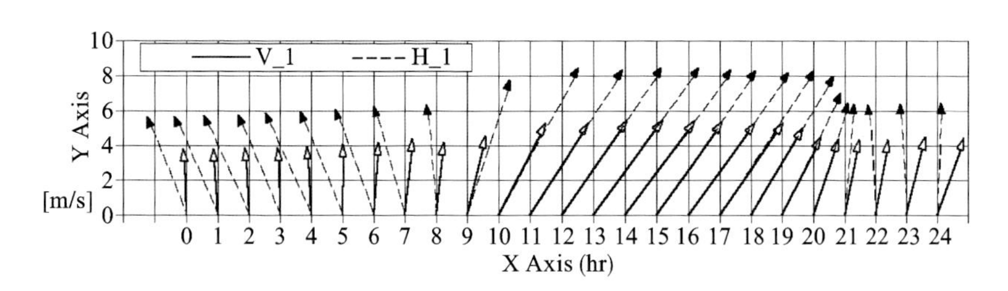

图 7-9　高层化案例 1 及高密度化案例 1 10 m 高度处风速、风向平均值 24 小时日变化规律图(自绘)

很大幅度的提高，然而高层化案例正好相反，风速值和人工热排放量值在日出前和日落后的时间段内成反比。

图 7-10(B)给出武昌区内高层化及高密度化两种发展模式下各案例间风速日变化规律，同洪山区案例类似，在武昌区内，高密度化案例的风速随

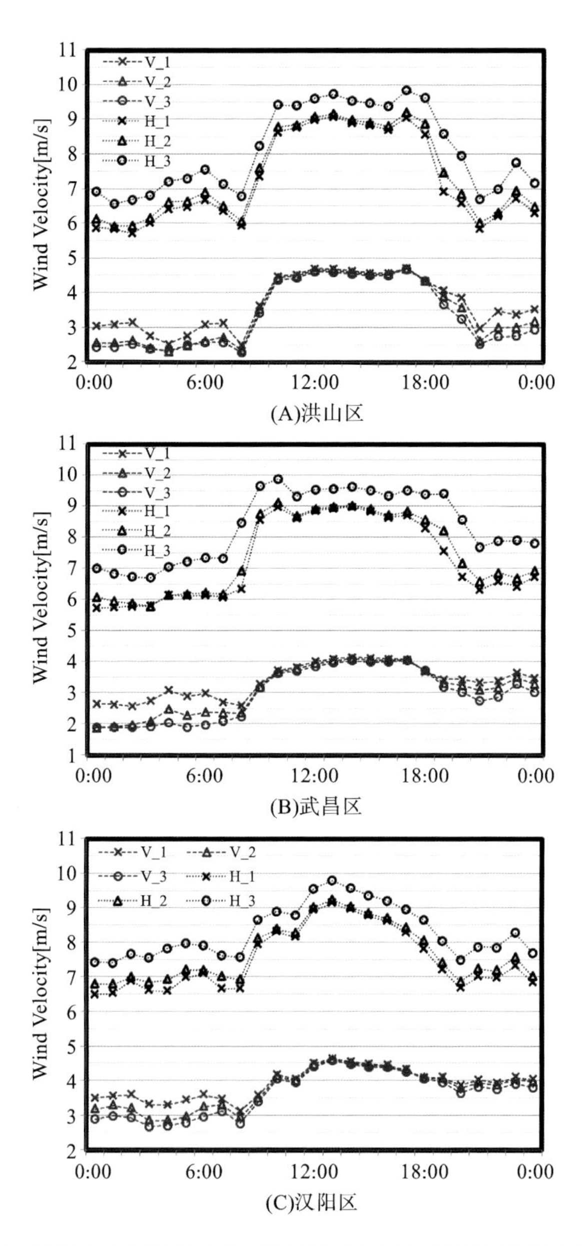

图 7-10　武汉中心城区洪山区、武昌区、汉阳区、江岸区及青山区内采样点 10 m 高度处风速日变化值(自绘)

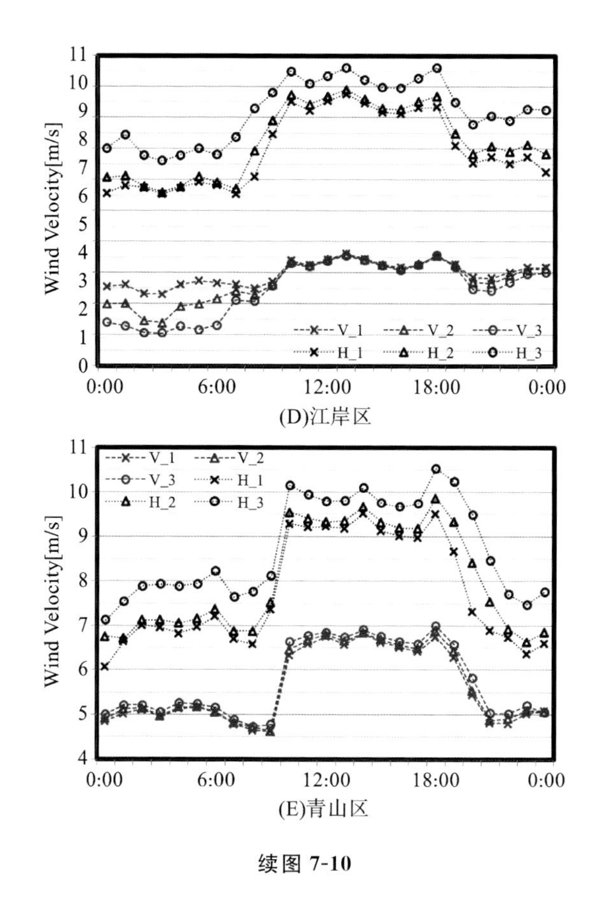

(D)江岸区

(E)青山区

续图 7-10

着人工热排放量的增加而增加，而高层化案例的风速随着人工热排放量的增加而减小，此现象在日出前及日落后最为明显。图 7-10(C)、图 7-10(D)显示的是汉阳区及江岸区内高层化及高密度化两种发展模式下各案例间风速日变化规律，江岸区高层化及高密度化两种发展模式下最大的风速差可达 6 m/s，是所有区域中风速差最大的。汉阳区高层化及高密度化案例间风速差相对较小，特别是人工热排放量的改变对这一区域的风速影响非常有限。

(三) 两种发展模式对武汉中心城区热岛效应的影响

本节将探讨高层化及高密度化发展模式对城市热岛强度值的影响，图 7-11 将武汉中心城区的 5 个采样区域，高层化及高密度化各案例的热岛强度值显示于组图中。

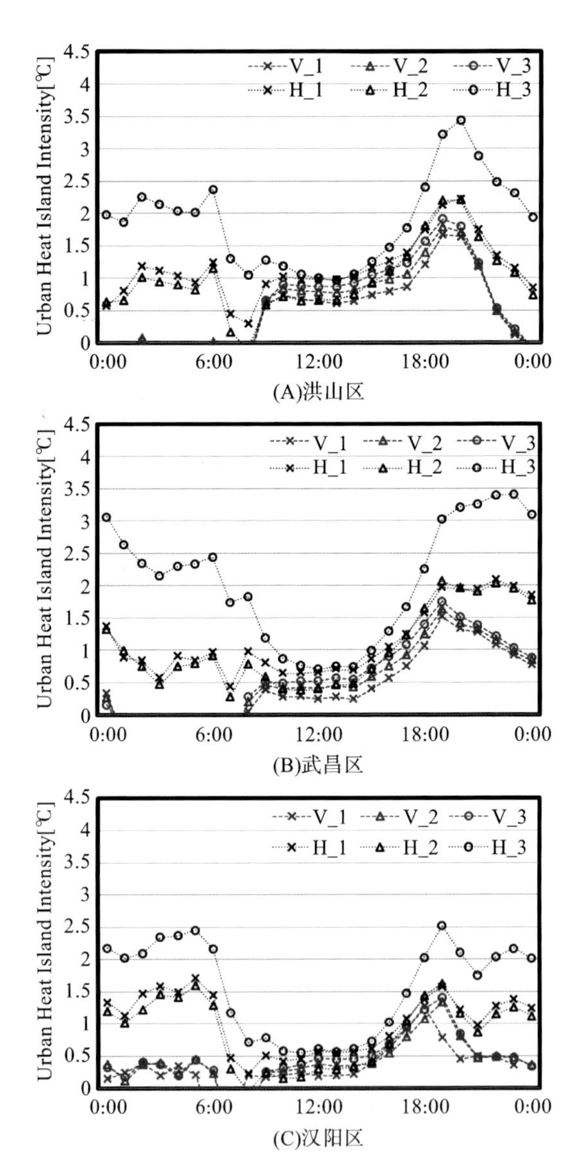

图 7-11　武汉中心城区洪山区、武昌区、汉阳区、江岸区及青山区采样点热岛强度日变化值(自绘)

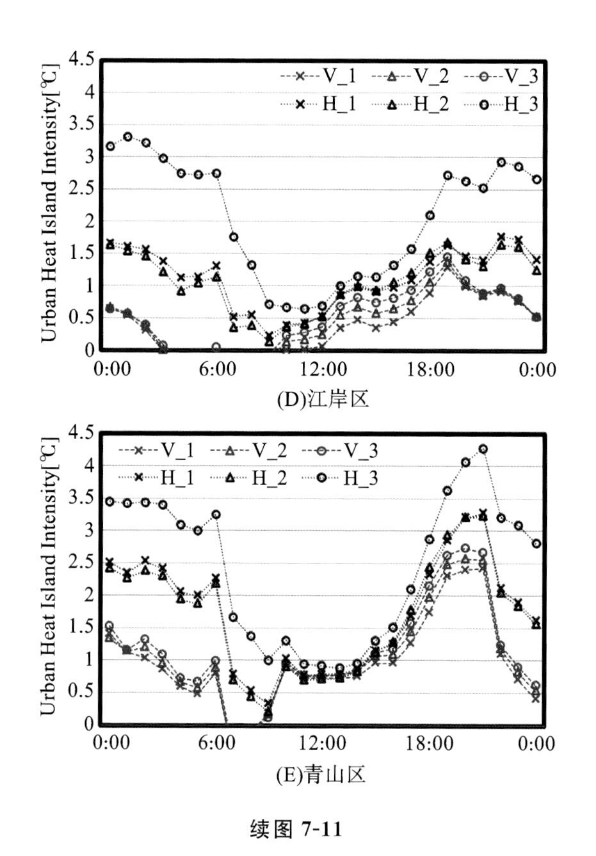

续图 7-11

首先，纵观 5 个区域的结果，可以发现高密度化城市布局方式会带来更加严峻的城市热岛问题，然后回看图 7-2、图 7-3 的气温结果，不难发现高层化案例日出前气温是明显高于高密度化案例的，然而热岛强度值却低于高密度化案例，这主要是由于高层化案例城郊区域的平均气温在这一时间段高于高密度化案例。这一现象的原因有可能是由于在高层化案例中，高楼层造成城市边界层高度更高，城市尾羽层覆盖的范围更远，从而造成城郊区域温度更高。

纵观五个案例，每个区域都有如下的几个规律。

(1) 高层化案例随着人工热排放量的增长，城市热岛强度增高，但增幅不明显。

(2) 高密度化案例随着人工热排放量的增长，人工热排放量从案例 1 增长到案例 2 时，热岛强度有小幅度降低，人工热排放量继续增长到案例 3 时，热岛强度急剧增长。

(3) 在高密度化案例中，随着人工热排放量的增长，城市中心区内各区域气温增长，案例 2 的热岛强度会有小幅度的降低，主要是由于城郊平均气温在人工热排放量增长后受其影响有所提高，从而造成热岛强度小幅度降低。虽然在案例 3 中，随着人工热排放量的增长，城郊平均气温也有提高，但不及城市中心区气温增长的幅度。在日出前及日落后的时间段，即使是V_3案例的热岛强度都低于高密度化全部案例的热岛强度，人工热排放量差别高达 200 W/m^2。在正午时间段，除了江岸区有很明显的差别之外，同等人工热排放量的高层化及高密度化案例之间的热岛强度差别不算大。

图 7-12 给出了不同程度人工热排放量对两种城市发展方式下各采样区域的热岛强度值的影响。随着人工热排放量的升高，高密度化案例和高层化案例呈现出完全不同的结果。高层化案例的平均热岛强度值随着人工热排放量的增加存在小幅度的上升，且上升幅度基本相同。然而，在高密度化案例中，热岛强度值在人工热排放量增长的第一阶段存在小幅度的下降，在第二阶段却大幅度上升。为了弄清这一现象的成因，我们需要查看城区内及城郊气温随人工热排放量增加的变化趋势。随着人工热排放量增加，城市内各采样区域气温呈等幅增长趋势，因此解决问题的关键就在于调节城郊区域的气温变化情况(结果显示于图 7-13 中)。

图 7-13 显示的是人工热排放量的增加引起的武汉市城郊气温差。可以看到，高密度化案例在人工热排放量增长的第一阶段城郊气温升温明显，许多区域都高达 1 ℃，而第二阶段引起的城郊气温升高情况相较之下就没有那么明显。在高层化案例中，人工热排放量增加引起的武汉市城郊气温升高均不算太明显。据此，我们可以得出结论，高密度化案例随着人工热排放量的升高引起热岛强度值先小幅下降后大幅提升的情况，主要同城郊气温先大幅增长后小幅升温有关。

城郊气温升高是由什么引起的呢？为了揭示这个问题，我们在图 7-14 中提供了两种城市发展模式下城郊气温和风速的分布图。

由图 7-14 可以看出，在相同的基础气象条件下，高密度化发展模式和高

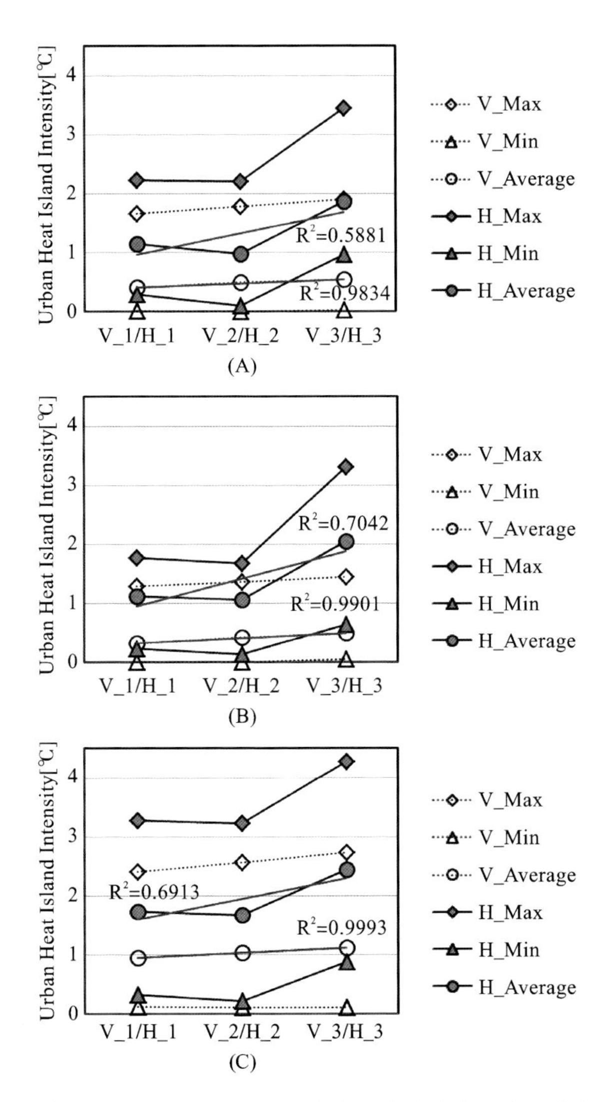

图 7-12　武汉市洪山区、江汉区以及青山区高密度化及高层化发展模式下热岛强度随人工热排放量变化趋势图(自绘)

层化发展模式对城郊中城市尾羽区的影响程度和原因存在很大区别。在高密度化发展模式中，由于动能的增加，造成城市下风向区域风速更高，并且通过城市的气流将废热聚集在这一区域，人工热排放量的升高带来更多的废热，致使该区域气温陡然上升，且幅度较大。在高层化案例中，城市下风

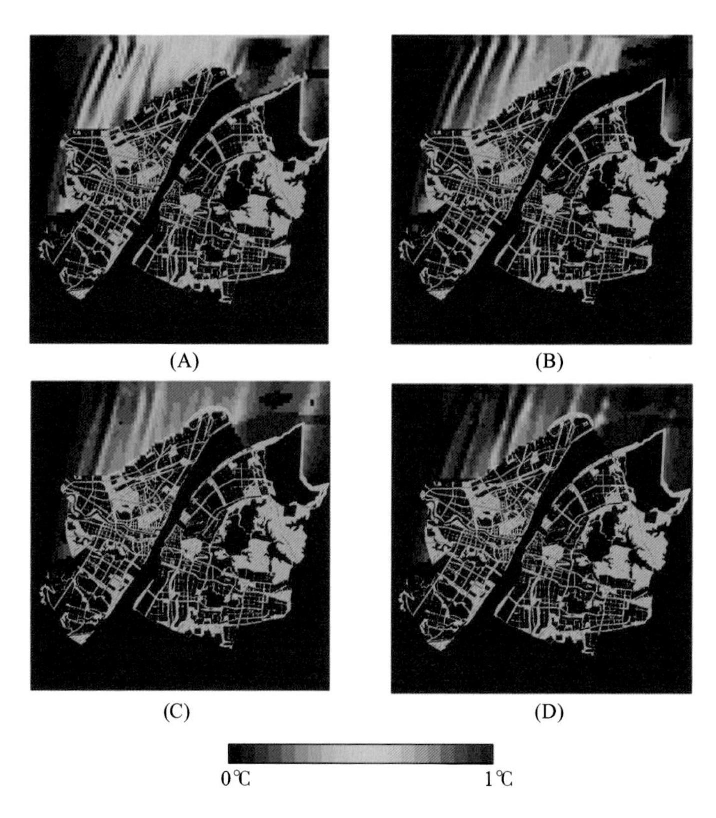

图 7-13　不同人工热排放量引起的武汉周边区域气温差(2000 LST)[(A):$T_{H\_2}-T_{H\_1}$。(B):$T_{H\_3}-T_{H\_2}$。(C):$T_{V\_2}-T_{V\_1}$。(D):$T_{V\_3}-T_{V\_2}$](自绘)

向区域气温也存在升高情况,但整体升高幅度有限,且气温上升的原因也同高密度化案例截然不同。在高层化发展方式下,建筑群像“屏风”一样阻挡从上风方向吹来的风,致使城市下风区域风速低于城郊其他区域,从而导致这一区域气温较高。

图 7-15 至图 7-17 分别给出汉阳区、江岸区及青山区凌晨 4 点、正午 12 点以及下午 17 点高层化及高密度化各案例风速对热岛强度缓解作用分析图。图 7-15 显示的是汉阳区的案例,汉阳区的高密度化案例在凌晨 4 点及下午 17 点所需的缓解热岛强度的风速值较高,这说明汉阳区若按照高密度化布局方式布置,在日出前及日落后的热岛问题会相当严重,并且很难得到缓解。图 7-16 显示的江岸区的案例,缓解热岛问题所需的风速最低,特别在

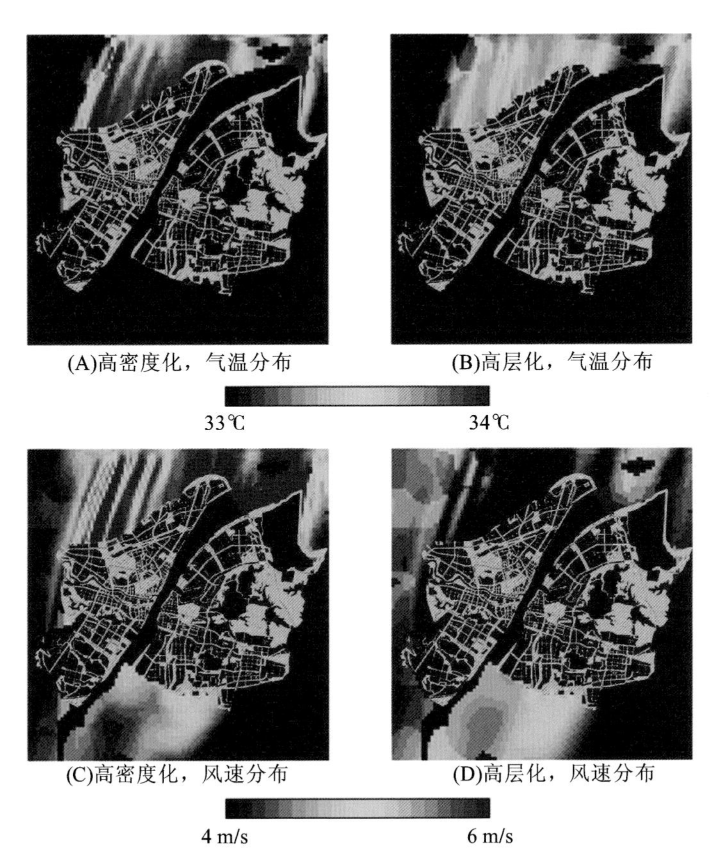

图 7-14　高密度化及高层化发展模式下武汉市郊区气温分布图(2000 LST)、高密度化及高层化发展模式下武汉市郊区风速分布图(2000 LST)(自绘)

凌晨 4 点左右，这多半同江岸区所在的地理位置有关，虽然热岛强度值较高，但由于位于江边，受江风影响，热岛问题更容易被缓解。青山区(如图 7-17)不仅是几个区域中热岛问题最严重的区域，而且由于其所在的位置在一天中多处于下风向处，累积的热量聚集，造成这一区域的热岛问题最难以被通风缓解。就连在正午 12 点，这一区域所需缓解热岛问题的风速值在高层化及高密度化案例中都在 5 m/s 及 8 m/s 左右。需要特别提出的是，人工热排放量每增长 100 W/m^2，高密度化案例缓解热岛强度的风速通常需要增加 0.5～1 m/s，而高层化案例缓解热岛强度的风速通常只需要增加 0.2～0.5 m/s。

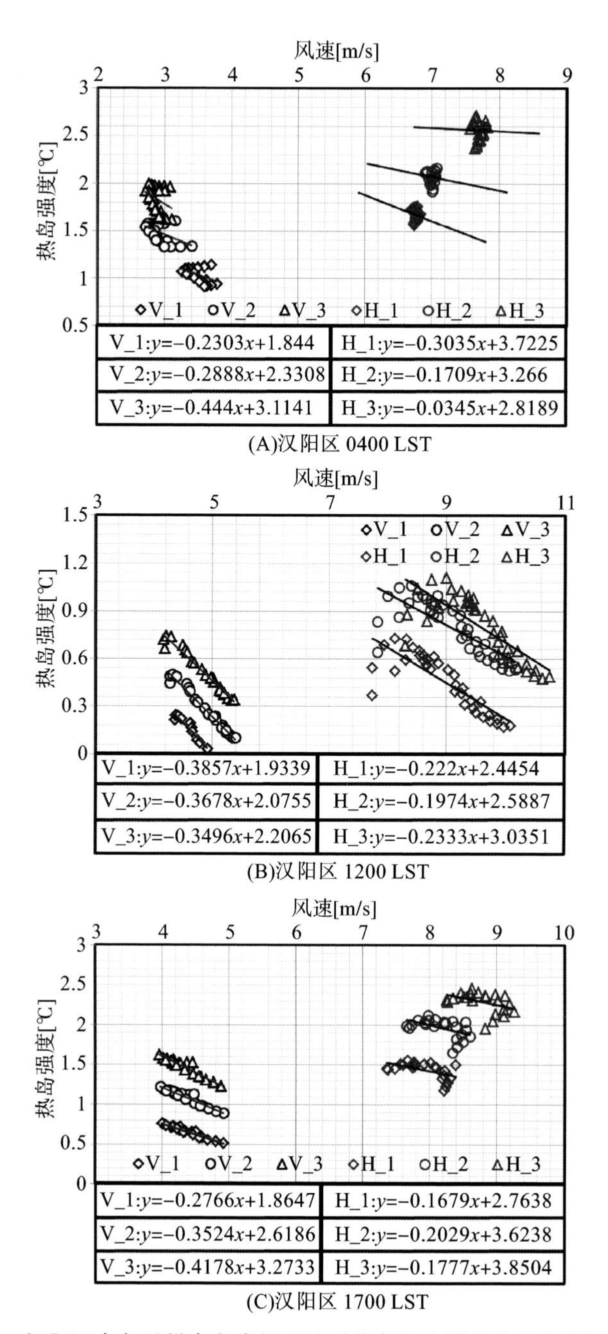

图 7-15　汉阳区内各采样点各案例风速对热岛强度缓解作用分析图(自绘)

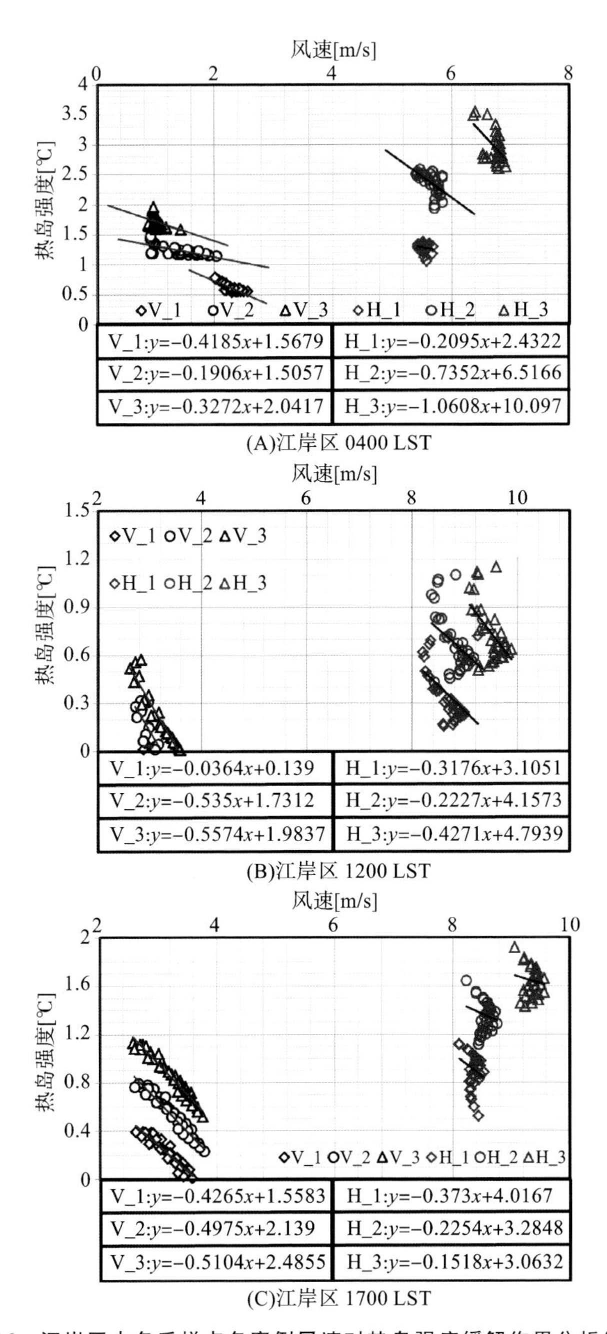

图 7-16　江岸区内各采样点各案例风速对热岛强度缓解作用分析(自绘)

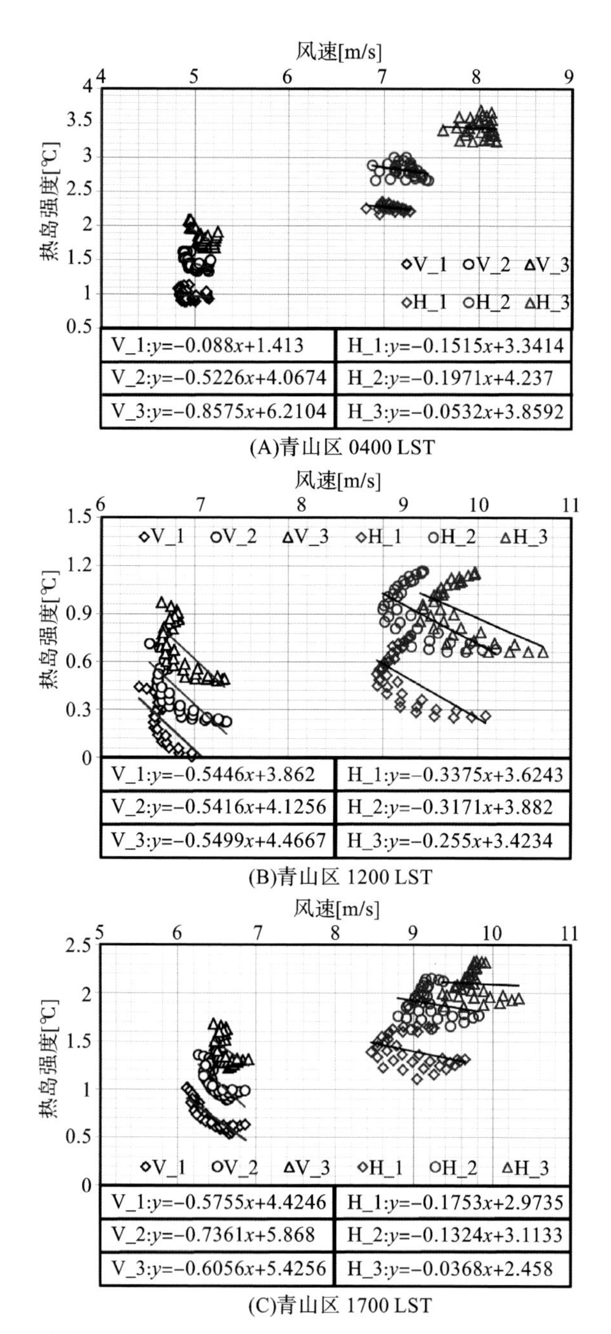

图 7-17 青山区内各采样点各案例风速对热岛强度缓解作用分析(自绘)

总的说来，以上3个案例中，风速对热岛强度的缓解程度均遵循以下几个规律。

（1）在凌晨4点，高层化案例的热岛强度值相较于高密度化案例更高，但缓解热岛强度所需的风速值却更低。

（2）在正午12点，虽然高层化及高密度化案例的热岛强度值很低，但降低热岛强度所需的风速却较高。

（3）需要更高的风速才能使热岛问题得到有效缓解的情况同样也出现在下午17点，但在此时刻，高密度化案例相较于高层化案例热岛强度值更高。

（4）人工热排放量更大的案例降低热岛强度值需要的风速值更高。

综上所述，高层化案例在热岛问题上优于高密度化案例，不仅仅是由于高层化案例的热岛强度值低于高密度化案例，更是由于高层化案例缓解热岛问题所需的风速值较小，特别是当人工热排放量提高后，缓解热岛问题所需风速值的增长幅度远小于高密度化案例。虽然高层化各案例风速都有限，热岛强度值难以被降低，但是由于在前文中发现通风道对高层化案例的明显影响，这个问题可以通过布置城市中心区通风道得到有效的解决。

三、讨论与小结

总结归纳本章发现，首先针对气温方面，高层化案例及高密度化案例分别具有以下特点。

（1）高层化城市发展模式能防止白天城市中心区的高温问题，这主要是由于高层建筑对街道的遮挡效果，街峡内受太阳辐射的影响小于高密度低层的城市发展模式。然而，虽然高层化案例在白天的高温过热问题得到明显缓解，但由于建筑材料的高蓄热性，在夜晚暴露出高温问题。

（2）受人工热排放量增加的影响，夜晚温度升高更多，说明人工热排放主要对夜晚城市中心区内的气候环境产生影响，故针对缓解人工热排放对城市气候的影响主要应该从夜晚入手。

（3）随着人工热排放量的增加，无论高层化案例还是高密度化案例，气温升高明显区域主要集中于城市该时间段下风向区域。

(4) 缓解由于人工热排放造成的气温升高问题,高层化发展模式可以起到更为明显的作用,特别是针对高人工热排放量的情况缓解作用更为明显。在城市中心区这类人工热排放量相对较大的区域,通过增加建筑高度的方式满足日益严峻的用地需求,会是一个既利于经济发展,又对城市气候影响较小的发展模式。

另外,高层化案例及高密度化案例在能量得失方面经过比较发现,最大的区别在于:①高层化案例的潜热高于高密度化案例;②高密度化案例的显热明显高于高层化案例;③高层化案例中通过地面流失的热量值也普遍更高。

在风速方面,由于人工热排放量的增加,高密度化案例风速有增加的趋势,而高层化案例却与之相反,呈下降趋势。高密度化案例由于热力动能更高,风速高于高层化案例,除此之外,高层化案例风速较低的原因还应该归纳于高楼屏风作用阻碍了城市通风,然而由于在高层化案例中,长江的通风效果非常明显,可知改善高层化案例通风问题可以通过布置通风道来解决。

在热岛问题上,高层化案例受人工热排放量的影响小于高密度化案例,且针对高密度化案例,小幅度人工热排放量的增长对热岛强度值的增长影响不大,然而大幅度人工热排放量的增长带来的热岛强度增长十分明显,故高密度化城市布局方式不适合人工热排放量较大的大中型高人口密度城市。高层化案例在热岛问题上优于高密度化案例,不仅仅是由于高层化案例的热岛强度值低于高密度化案例,更是由于高层化案例缓解热岛问题所需的风速值较小,特别是当人工热排放量提高后,高层化案例缓解热岛问题所需的风速值增长幅度远小于高密度化案例。

在对城郊的影响上,高密度化发展模式由于动能的增加,造成城市下风向区域风速更高,并且通过城市的气流将废热聚集在这一区域,人工热排放量的升高带来更多的废热,致使该区域气温陡然上升且幅度较大。在高层化案例中,城市下风向区域气温也存在升高情况,但整体升高幅度有限,且产生气温上升的原因也同高密度化案例截然不同。在高层化发展模式下,建筑群像“屏风”一样阻挡从上风方向吹来的风,致使城市下风区域风速低于城郊其他区域,导致这一区域气温较高。

第二节　水体消失极端情况下对武汉中心城区气候的影响

一、案例及边界条件设定

在本书第六章中，详细探讨研究了1965年至2008年这43年间武汉中心城区内水体面积急剧减少的现象。在本节中将延续这一课题，给出不同于第六章实际情况分析研究以外的预测性研究。本节提供一个假想式的命题，即如果为了满足武汉市人口增长及经济建设发展需要，将武汉中心城区内除长江以外全部天然水体填埋之后，将会对中心城区气候环境造成多大程度的影响。为了达到这一研究目的，本节设置这一极端情况案例，将案例中除长江以外全部天然水体改变成陆地，此案例命名为NoWater案例（可简写为NW案例）。为了更明确地探讨水体面积消失这一单一变量对武汉中心城区气候的影响，NoWater案例所使用的气象数据及domain设定同第六章1965年及2008年案例完全一致，在本节中以2008年案例结果为基础案例，以说明NoWater案例对武汉中心城区气候的影响程度。

为了便于说明水体变化这一单一变量对城市气候的影响，本章案例使用同第六章案例相同的气象边界条件，取2008年气温最高的3天进行模拟。这两个案例均使用美国国家环境监测中心（NCEP）提供的水平精度为1°×1°的final operational global analysis气象数据，选取从2008年7月23日2000 LST(local solar time)至2008年7月27日2000 LST这4天的数据进行模拟计算。

二、结果分析

（一）水体消失极端情况下对武汉中心城区热环境的影响

在图7-18中，比较NoWater案例及2008年案例可以看出，两案例间显热量有明显的变化，这主要是由于这两个案例地表面温度差别明显，并且通

过地表的热量也存在非常明显的变化，水体消失后，地面在白天吸收和夜晚放出的辐射量更多。虽然在图 7-18 中潜热变化情况似乎并不明显，但由图 7-19 中地表面水汽通量可知，在日出后到日落前的时间段，水体的消失促进了蒸发，从而增加了通过潜热排放出的热量。

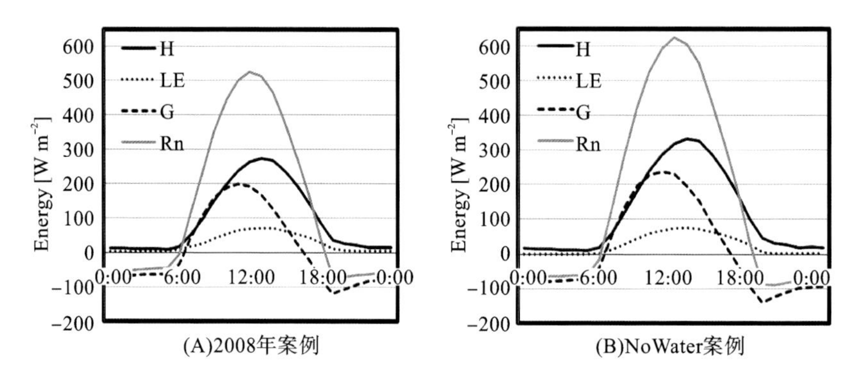

图 7-18　能量得失平衡日变化曲线[其中包括显热量(H)，潜热量(LE)，地表热量(G)，以及净辐射量(R_n)](自绘)

然而由于缺少水体对周围环境的冷却降温作用，随着天然水体在武汉中心城区内的消失，2 m 高度处气温的全域平均值仍有明显的升高。如图 7-20所示，在 2 m 高度处，案例间温度差经过全域平均后仍可达到近 0.4 ℃的升温，升温最明显的时间段出现在正午 12 点及夜晚 20 点左右，由于这两个时间段分别处于人们活动、工作量最大的时间段及入睡前。在这两个时间段，由于水体的消失带来的升温将最大程度的对日常生活造成影响，结果必然导致制冷设备的使用量增加，从而产生更多的废热排放到大气中，进一步恶化城市中心区热环境，并形成恶性循环。

图 7-21 给出了 NoWater 案例同 2008 年案例 2 m 高度处气温差高于 0.5 ℃区域所在的具体位置，可以发现由于水体面积的消失，武汉中心城区内长江以南区域升温更为明显，存在升温的面积在这一区域中所占的比例亦十分大。在晚上 20 点的结果[图 7-21(E)]中可以看到，长江以南近一半区域产生了大于 0.5 ℃的升温。这主要是由于长江以南区域自然水体面积变化最为显著，再加上长江的降温阻隔作用，使得在江南区域累积的大量废热较难向江北区域扩散。

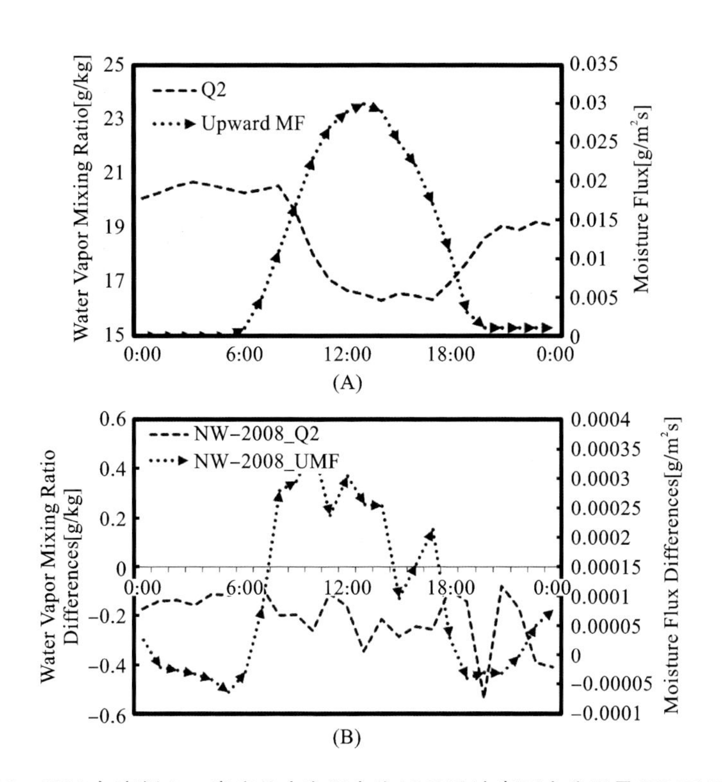

图 7-19　2008 年案例 2 m 高度处水汽混合比(Q2)及地表面水分通量(UMF)日变化规律值(A)及 NoWater 案例同 2008 年案例日变化规律差值(B)(NoWater 案例结果减去 2008 年案例结果)(自绘)

类似于第六章，在本节中仍选取东湖以南及以北两条气温采样轴，来说明水体消失后，这两条采样轴上各点气温的变化情况，采样轴位置表现于图 7-22 中，结果显示于图 7-23、图 7-24 中。

东湖以南采样轴位于武汉市较核心的位置，东湖以北采样轴位于接近市郊的位置，并处于下风向位置。由 7-23(A)可知，在凌晨 4 点，近湖位置由于水体的消失有近 0.5 ℃的升温，而较远位置气温变化不大，说明虽然水体在夜晚对周围环境所起的作用更接近于“加热升温”，但这“升温”仍控制在接近水温的范围内，水体消失后，市中心热量积累无法得到释放。

在下午 14 点左右，距离水面最近一点的气温为 37.75 ℃左右，当水体消失后，气温上升到 38 ℃，更有区域达到 38.35 ℃。在东湖以北采样轴，由于

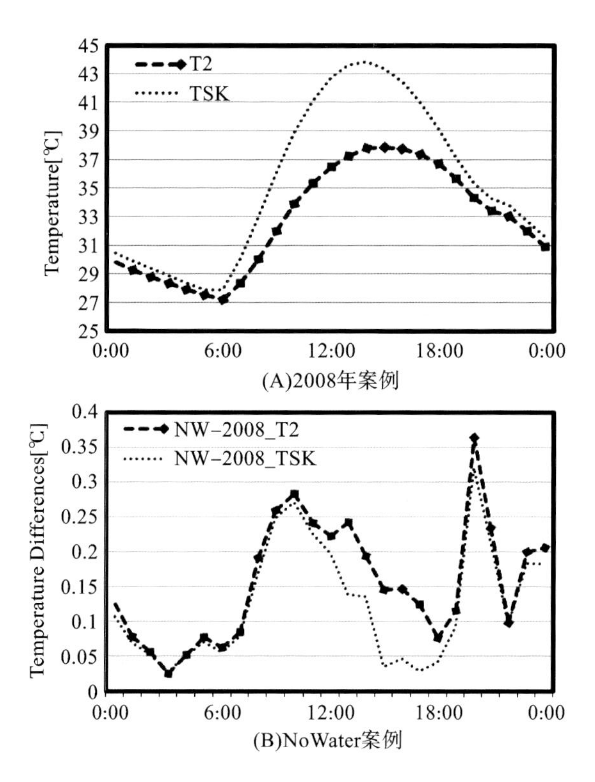

图 7-20　2008 年案例 2 m 高度处气温(T2)、地面温度(TSK)日变化规律值及 NoWater 案例同 2008 年案例日变化规律差值(2008 年案例结果减去 1965 年案例结果)(自绘)

接近市郊,在凌晨 4 点,气温最低可达 26 ℃,且没有明显受到水体消失因素的影响。但在下午 14 点,这一区域由于水体消失,气温猛烈升高,几乎从距水体 1060 m 处到 6702 m 每一点升温都在 0.5 ℃以上,有些点升温甚至高达 1 ℃。而气温也由原来的 38～38.5 ℃上升到 38.5 ℃,最高可达39.1 ℃。

(二) 水体消失极端情况下对武汉中心城区风环境的影响

图 7-25 给出了 NoWater 案例同 2008 年案例风向、风速直观比较图,灰色箭头代表 NoWater 案例,黑色箭头代表的是 2008 年案例结果。图中不规则多边形框出的区域为风向、风速改变较为显著的位置,这些区域主要集中

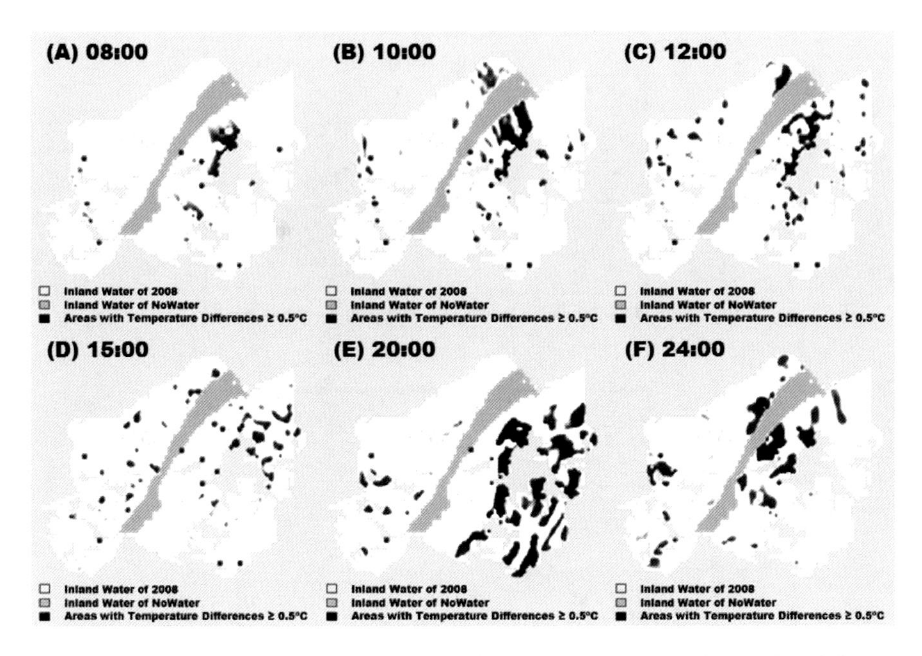

图 7-21　NoWater 案例同 2008 年案例相比较，由于水体减少，导致中心城区内气温升高幅度高于 0.5 ℃的区域示意图（不包括用地属性存在改变的区域。深黑区域代表满足条件区域）（自绘）

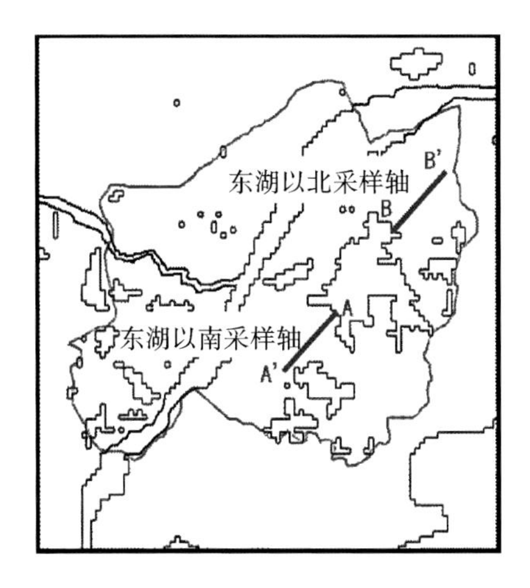

图 7-22　东湖以南、以北采样轴位置示意图（自绘）

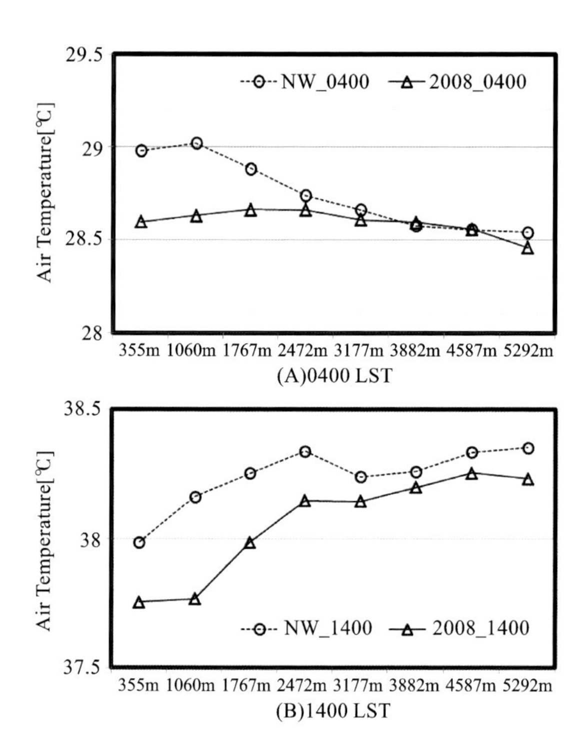

图 7-23 东湖以南采样轴上各采样点凌晨 4 点(A)及下午 14 点(B)2 m 高度处气温值(横轴代表该点距离湖水边缘点的距离)(自绘)

在长江沿岸的下风向位置。相对于风速的小幅度增长,风向的改变更为明显。值得一提的是,在下午 14 点这一时刻的某些区域上,1965 年案例到 2008 年案例中风向有东向偏转,而 2008 年案例到 NoWater 案例水体面积持续减少后,风向却反而向西向偏转。

图 7-26 给出了从 1965 年水体面积持续减少到 NoWater 案例情况下,武汉中心城区全域平均风速、风向日变化规律图,可以看到,在日出后到日落前的时间段,有明显的风速升高及风向偏转情况。

(三) 水体消失极端情况下对武汉中心城区热岛效应的影响

图 7-27 给出了 NoWater 案例及 2008 年案例武汉中心城区全域平均热岛强度日变化规律。当水体消失后,热岛强度值有一定幅度的升高,最高热岛强度可达 3 ℃(人工排热量不计),这一结果说明水体的存在确实能在一

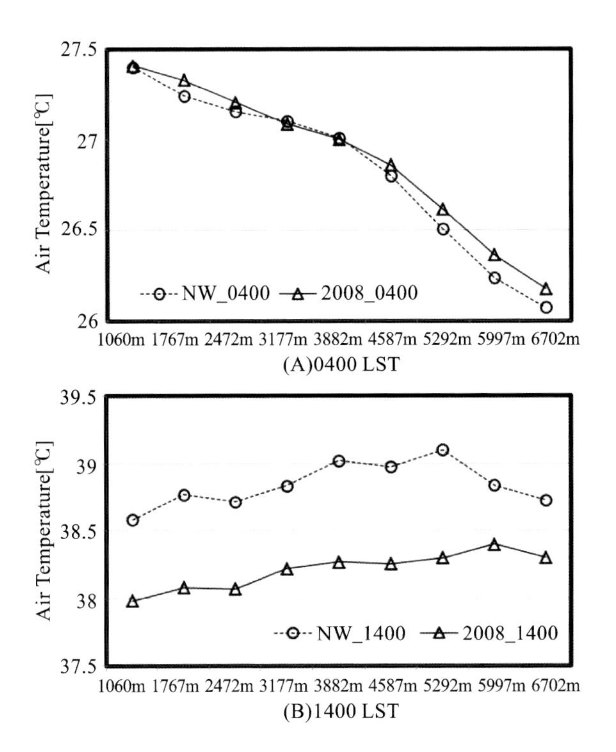

图 7-24　东湖以北采样轴上各采样点凌晨 4 点(A)及下午 14 点(B)2 m 高度处气温值(横轴代表该点距离湖水边缘点的距离)(自绘)

定程度上缓解武汉中心城区的城市热岛问题，并阻止其向更坏的方向发展。为了直观地给出水体减少直到消失这段时间内武汉中心城区内各处热岛强度较高区域的分布及变化情况，图 7-28 给出 1965 年、2008 年及 NoWater 案例武汉中心城区热岛强度高于 3 ℃区域示意图。

可以看到，随着水体面积的逐渐减少，在凌晨 0 点及 1 点左右，热岛强度有升高趋势，且高热岛强度区域有向城市中心位置聚集的趋势。在夜晚 20 点左右，虽然随着水体面积的减少，高热岛强度区域并没有明显的增加，但由于水面的影响，在水体面积较多的案例中，高热岛强度区域分散在武汉中心城区内的各个区域，而当水体面积减少甚至消失后，高热岛强度区域基本集中在武汉市中心位置。这一情况可能导致市郊位置的冷空气更难渗入城市内部缓解热岛问题。

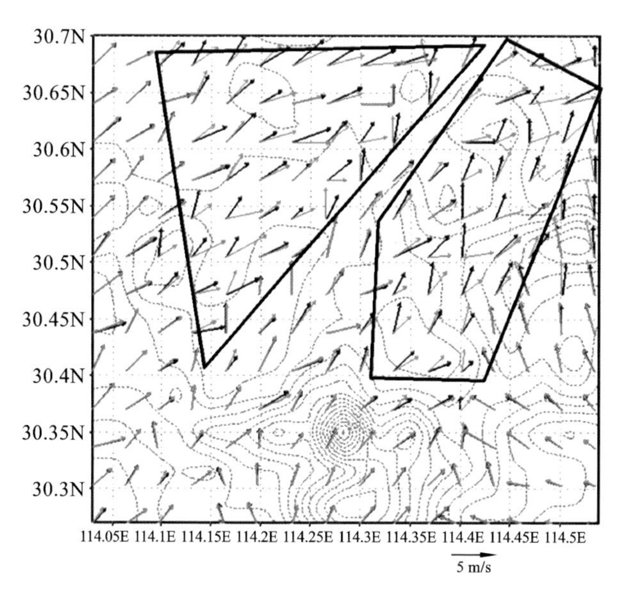

图 7-25 NoWater 案例及 2008 年案例下午 14 点时 10 m 高度处风速比较的直观图(其中黑色箭头代表 2008 年案例风速、风向值,灰色箭头代表 NoWater 案例风速、风向值,灰色虚线代表该地区等高线)(自绘)

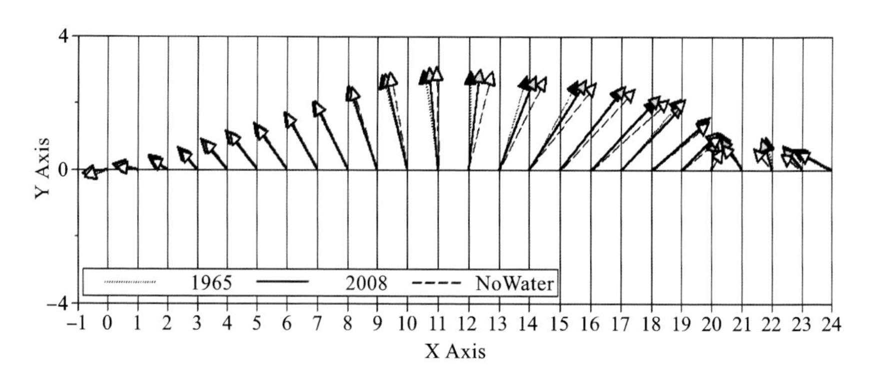

图 7-26 1965 年、2008 年及 NoWater 案例武汉市中心区平均风速及风向日变化规律图(自绘)

最后本节给出图 7-29、图 7-30 以探讨在水体消失后,风速对武汉中心城区的两个采样区块,即江岸区及青山区热岛效应的缓解作用。总的说来,水体的消失不仅导致城市热岛强度的升高,更使得为了缓解热岛问题所需的

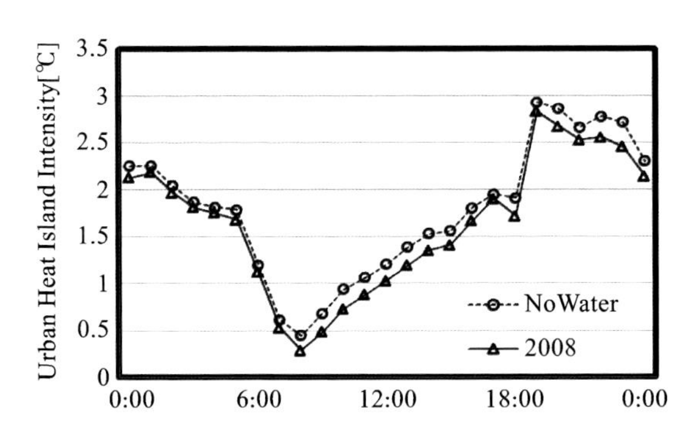

图 7-27　NoWater 案例及 2008 年案例武汉中心城区全域平均热岛强度日变化值(自绘)

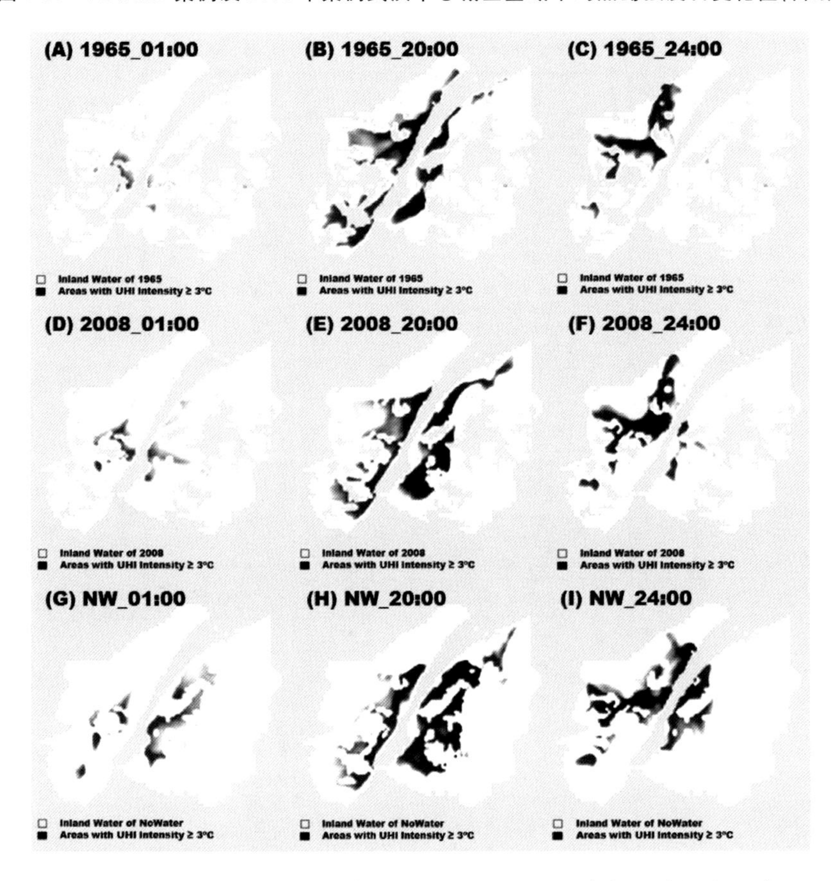

图 7-28　由于水体改变,1965 年、2008 年及 NoWater 案例下武汉中心城区热岛强度高于 3 ℃ 区域示意图(自绘)

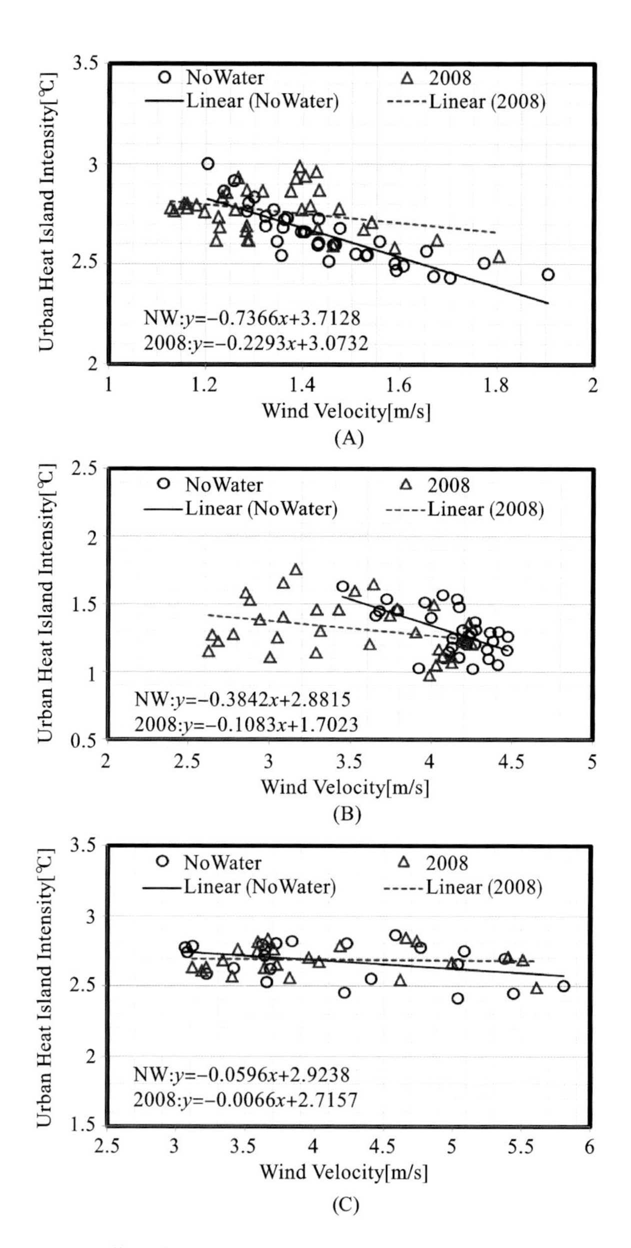

图 7-29　江岸区范围内 NoWater 案例、2008 年案例凌晨 4 点(A)、正午 12 点(B)及下午 17 点(C)风速对热岛强度的缓解作用比较(自绘)

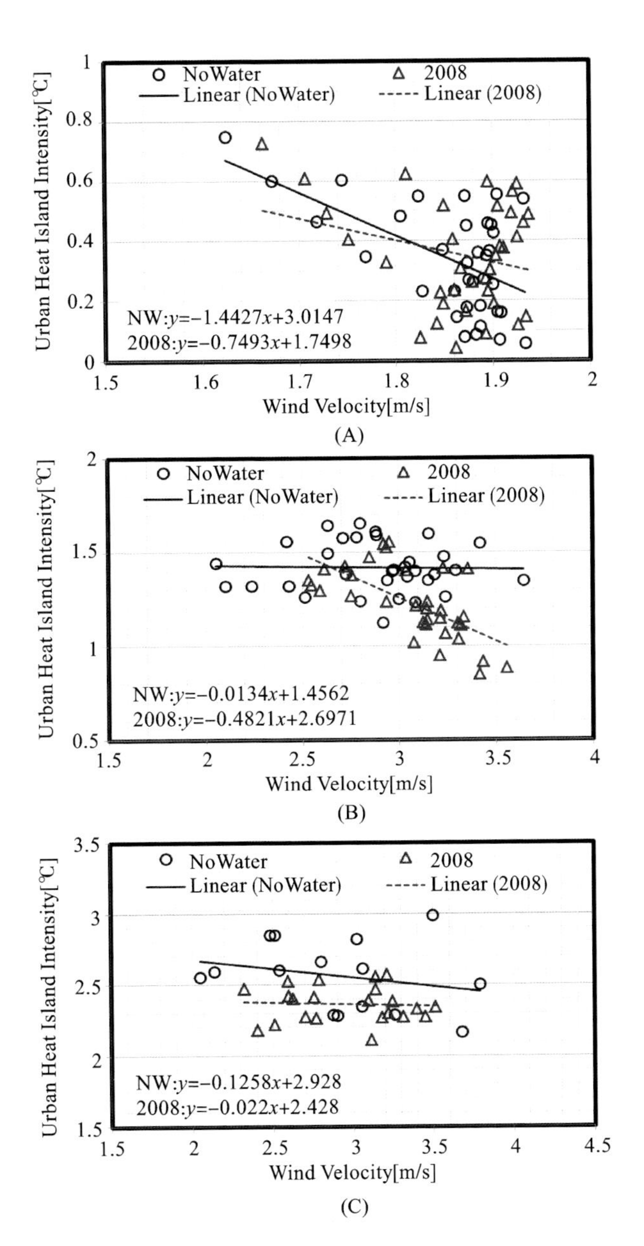

图 7-30 青山区范围内 1965 年案例、2008 年案例凌晨 4 点(A)、正午 12 点(B)及下午 17 点(C)风速对热岛强度的缓解作用比较(自绘)

风速值升高。这代表着由于水体面积的减少，缓解热岛问题的可能条件越来越苛刻，致使热量累积，热岛问题愈演愈烈。

另外值得一提的是，江岸区凌晨 4 点及下午 17 点显示出了不同于其他结果的相反规律，即由于在水体消失的情况下，江岸区这两个时刻缓解热岛问题所需要的风速值低于 2008 年案例。这也再一次引发高湿度究竟是更利于城市气候还是不利于的深度思考，这一结果是一般规律抑或仅仅是个例外，值得我们进一步的研究探讨。

三、讨论与小结

水体的消失会带来武汉中心城区内大部分区域的气温升高，这主要是因为水体在夏季高温环境中所起的“冷却”作用非常突出。然而气温的升高增加了空气浮力，致使日出前及日落后这段时间武汉中心城区内具有更高的风速。尽管如此，武汉市的热岛问题并没有因此得到缓解，反而愈演愈烈，并且武汉市的热岛中心有向着城市中心位置积聚的趋势，这使得热岛现象的缓解变得更加困难。但影响最严重的还要算由于水体的消失，导致缓解热岛问题所需的风速比存在水体的案例更高，然而这一结论仍存在例外情况，也正因此，再一次引发湿度对环境影响的更深入的思考，并由此被列入进一步研究探讨的对象中。

第八章　结语与展望

第一节　结　　语

本书利用基于中尺度气象模型 WRF 的城市冠层模型，以武汉市中心区的气候为研究对象，并根据武汉市 2006 年至 2020 年总体规划，通过对城市中心区容积率、建筑密度、城市中心区内天然水体面积变化的研究，设置了 3 类共 18 组案例，计算并分析比较各组案例条件下中心城区平均气温、风速、长波及短波辐射、显热、潜热、城市热岛强度，全面性、系统化地评价武汉中心区由于空间形态的变化所引起的气候变化。试图定量化地归纳得到城市空间形态指标（容积率、建筑密度及城市中心区内水体面积变化）对气候因素（气温、风速、湿度、长波、短波辐射量、显热、潜热等）的影响程度。在以上基础性研究的基础上，设置极端情况案例进行情景分析，通过对中尺度气象模型的数值模拟，预测武汉市 2020 年后由于城市发展可能导致的城市气候变化，以此方式对基于城市环境气候舒适性的城市规划设计提供数据支持及理论依据。经过前面几章的研究分析，本研究得到以下几个方面的结论。

一、建筑密度的差异对中心城区气候的影响

通过几组不同建筑密度案例的比较发现，随着建筑密度的增加，气温有上升趋势，但随着建筑密度的进一步升高，却引起正午 12 点附近气温的小幅下降，这让我们相信建筑密度的增长对气温的影响存在拐点。我们推测这一拐点产生的主要原因在于建筑密度升高形成的遮挡降低了街峡的天空率，从而影响了建筑墙面对天空射入的长、短波辐射的吸收。另外，随着建筑密度的增长，显热存在幅度明显的增高，潜热降低。潜热量的降低同建筑密度的升高引起的绿地率降低有关。随着建筑密度的增加，存在明显的风

速升高情况的区域集中在武汉市北部下风向区域。在日出前的一段时间里，随着建筑密度的升高，风速升高且风向朝着武汉市中心位置存在明显的偏转，我们推测风向的偏转主要是由于城市热岛环流作用所致，气流由城市边缘向城市中心聚集，并形成大气尘盖循环往复，甚至导致废热及污染物的滞留。在日中时间段内，建筑密度的变化除带来风速的增长外，同时也致使风向朝东北方向偏转。这种偏转的趋势导致武汉市青山区成为城市下风向区域，并聚集大量的废气及废热。据此我们可以推断，在武汉市中心区建筑密度增长的前提下，青山区将成为气候变化最大的区域。鉴于青山区目前已经是几个采样区内热岛问题最为严重的区域(最高热岛强度值可达 3.5 ℃)，这一问题需要得到高度重视。据模拟数据显示，在武汉市中心区建筑密度增长为现状的 1.5 倍左右的情况下，将带来青山区近 1 ℃的热岛强度升高，其他采样区域热岛强度将升高 0.5 ℃。

二、容积率的差异对中心城区气候的影响

随着容积率的逐渐升高(建筑密度不变，建筑高度升高)，武汉市中心区大部分区域存在 0.1 ℃的小幅度降温，仅部分顺风区域存在 0.3～0.5 ℃的升温。我们分析气温的降低主要是建筑物高度升高带来的街峡天空率降低所致，建筑物的遮挡致使长波及短波辐射吸收量的降低，因此产生了降温的效果。顺风区域导致的局部高温现象说明随着容积率的升高，武汉市中心区各区域间对流换热作用减弱，从而导致废热的聚集且难以扩散。随着容积率的升高，武汉市中心区内风速存在明显的降低，风向变化不明显。由于容积率升高，建筑物高度升高造成的“屏风”现象非常明显，特别是城市边缘区与城市中心区的风速存在锐减现象。然而随着容积率的进一步升高，所带来的各案例间风速差逐渐降低，从案例 1 至案例 2 间的 0.5 m/s 一路下降到案例 4 至案例 5 间的 0.1 m/s，以至于容积率增长到一定程度后，对风速变化的影响几乎可以无须考虑。在日中时间段，随着容积率的升高，青山区的高温现象得到了一定程度的控制和缓解，热岛强度也存在小幅度的下降，这一现象同建筑密度增长带来的影响恰恰相反。随着容积率的升高，除汉阳区外，武汉市中心区大部分区域热岛强度存在下降趋势。日出前及日落

后，随着容积率的增长，汉阳区热岛强度达到极大值，我们推断这也是高楼屏风作用的效应之一。容积率越高的案例缓解热岛效应所需的风速越小，我们将这一现象归结为建筑高度变化引起街峡的天空率变化，并进一步改变城市冠层内热量平衡。虽然白天由于建筑物遮挡，街峡内气温更低，但建筑物上部在白天蓄积的热量却成为夜晚城市街峡内热量的主要来源，造成夜晚气温较高的现象。

总的说来，无论是在气温上还是风速、风向、热岛强度上，容积率对城市中心区热环境的影响都不及建筑密度大。然而，有意思的是随着容积率的增长（建筑高度增高），武汉市中心区气候虽不存在明显的改变，但市郊区域，特别是城市下风向区域边缘地带却广受影响，带来通风严重不足的问题，因此有扩大热岛环流覆盖范围的趋势。

三、武汉市内中心城区水体面积变化对城市气候的影响

水体对武汉市中心区的气候环境可以起到非常显著的调节作用，在温度最高的时候，水面附近的气温均低于平均气温，而当温度较低时，水体附近的气温会高于平均气温，起到调节城市气候稳定性的作用。水体面积的减少会带来城市中湿度的降低、气温的升高及风速的升高，而正因为这些因素的变化，导致蒸发量升高。这意味着由于水体面积的减少，通过潜热放出的热量升高，虽然潜热量的改变不会引起气温的变化，但这并不代表这部分能量的释放无法被感知，反而很有可能在这一过程中会感觉没有那么闷热。然而这一部分推断还需要通过进一步的室外热舒适性试验来证明。由于水体面积的减少，对其周围区域产生的气温变化最多可达 0.5 ℃，这一作用在距离水体 5 km 外的距离范围内仍可被明显发现。随着水体面积的减少，除了风速有升高趋势外，还伴随着一定角度的向东偏转，这一偏转主要出现在武汉市下风方向，这是因为水体的变化引起高温区域位置的移动所造成的。水体面积减少后将引起平均 0.2～0.3 ℃的热岛强度升高，不仅如此，研究结果表明，由于水体面积的减少，造成缓解热岛效应所需的风速也有所升高，这说明水体对于热岛效应的缓解也具有一定的作用。

四、不同城市发展模式对于武汉中心城区气候环境的影响

作为情景分析案例，我们提出了武汉市未来五十年内人口持续增长的假设，在此背景基础上，预测为满足人口增长带来的用地需求紧张问题，武汉市中心区高密度化、高层化发展模式带来的城市中心区气候变化趋势。除此之外，我们还假设了为满足用地需求，武汉中心城区内水体全部消失的案例。通过这三类极端情况的情景案例，利用中尺度气象模型，预测高度城市化后武汉市中心区在不同空间发展模式下的气候变化趋势。

比较高密度化案例和高层化案例的气温，发现在大部分时间段内，高层化案例具有更低的气温，然而在入夜后及日出前阶段，高层化案例气温普遍高于高密度化案例气温。虽然针对夜晚的情况，高层化发展模式不具有优势，但在人工热排放量日益增高的背景下，高层化发展模式仍略胜于高密度化发展模式。高层化发展模式之所以在高温抑制方面优于高密度化发展模式，主要是由于：①更多的土地可被用于绿地建设，这无疑增加了城市通过潜热释放带走热量的可能性街峡；②土地面积的增加有利于城市街峡内更多的热量通过地面被散发或储存起来，而不带来城市街峡内的直接升温；③高层建筑物对城市街峡可产生遮阳的效果，从而减少长波及短波辐射吸收量。

然而高层化的发展方式仍存在不可避免的劣势，这一劣势主要表现在通风方面。由于高层建筑物的增多造成屏风效应，阻碍了空气对流，风速明显低于高密度化发展模式。但是这一问题并不难得到解决，最好的方法之一就是设计城市通风道，以增加城市通风量，这一策略在很大程度上可改善高层化发展模式下城市中心区内通风不足的情况。

在城市热岛方面，高层化发展模式也具有更加明显的优势。通过模拟数据可知，在相同建筑面积的前提下，针对热岛强度，高密度化案例最大可高出高层化案例 2.5 ℃左右。特别是在人工热排放量急剧增加的情况下，高密度化案例热岛强度值急剧升高，而高层化案例仅存在小幅度的增长。这也进一步说明高层化发展方式对于未来武汉市可能出现的人工热排放量急增问题具备更好的适应性。

水体的消失会带来武汉中心城区内大部分区域的气温升高，这主要是因为水体在夏季高温环境中所起的“冷却”作用非常突出。然而气温的升高增加了空气浮力，致使日出前及日落后这段时间武汉中心城区内具有更高的风速。尽管如此，武汉市的热岛问题并没有因此得到缓解，反而愈演愈烈，并且武汉市热岛中心有向着城市中心位置积聚的趋势，这使得缓解变得更加困难。但影响最严重的还要算由于水体的消失，导致缓解热岛问题所需的风速比存在水体的案例更高，然而这一结论仍存在例外情况，也正因此，再一次引发湿度对环境影响的更深入的思考，并由此被列入进一步研究探讨的对象中。

本书在前人研究的基础上有以下几个方面的突破。

（1）与城市规划结合的城市气候定量化评价方法。在充分考量了城市下垫面特征及城市规划特点的基础上，选择耦合了城市冠层模型 UCM (urban canopy model)的中尺度气象模拟软件 WRF(weather research and forecasting)作为本研究的技术手段，创新性地将气象模拟工具应用于辅助规划中，为城市的科学规划提供技术支持，并为定量化的城市规划研究提供新思路及新方法。

（2）与城市总体规划控制指标结合的城市气候变化趋势预测。目前关于城市气候的研究多从气象学的角度展开，而从城市规划对城市气候影响的定量化分析视角展开的研究很少。以 2020 年武汉市总体规划中的控制性指标为基准数据，探讨武汉市中心区容积率、建筑密度、绿化率等城市空间形态指标增长后，城市气候的变化情况。并基于人口数据，城市建设数据及城市地理信息数据，利用上述定量化评价方法，推测武汉市 2020 年及以后在不同开发强度及城市空间形态下城市气候的变化趋势。

（3）与城市水体变化状态结合的城市气候影响分析。水体作为武汉市的重要自然资源与城市特征，对于城市气候具有重要的调节作用，但随着城市化的发展，武汉市水体大量减少。本研究通过数值模拟技术，定量化地分析了武汉地区在 40 多年间，水体变化对于城市气候的影响，说明水体对于武汉市城市气候的影响及调节作用，并希望通过此研究提高专家、规划管理部门以及公众对武汉市水体保护问题的关注。

(4) 与城市气候、城市规划相关的多学科交叉融合。本研究选择多种视角研究城市气候问题,将城市气候、城市规划、计算机数值模拟技术等多个学科和研究方向进行融合,互相取长补短,开拓思路。

第二节 未来的展望

基于耦合了城市冠层模型的中尺度气象模拟技术的城市空间形态及城市气候模拟预测研究,为城市气候及城市规划研究提供了新的思路和方法。然而由于此技术手段目前仍处在初期的发展阶段,在整个研究过程中,我们遇到了不少问题和难点。对于多数的问题和难点,我们都采取积极的态度面对,并通过分析、研究及讨论大致上一一克服了。但仍不可避免的是,我们会遇到一些现阶段还无法完美解决的难题,我们带着极大的兴趣将它们逐一记录下来,并期望通过未来的努力和研究最终能将这些问题各个击破。

第一,也是让我感触最深的是模型的精度问题,受限于精度,很多很好的研究想法目前还难以实现,很多规律性结果还很难以显现。在未来的工作中,这套模型的精度还有待于提高,关于这个工作,国外有许多大学和研究机构已经在开展了,虽成果还未显现,但相信在不久的将来就会看到,我们也希望在未来能加入到这股研究浪潮中,去尽一点微薄之力。

第二,在研究之初对于城市内人工热排放量对城市气候影响的研究,一直是我们希望开展的工作,但鉴于数据的敏感性带来的数据的缺乏,我们只能将这一部分的研究缩减到目前这个状况,在未来的研究中,我们希望能更多地收集到此类数据信息,完成这一部分的研究。

第三,在未来的研究工作中,我们还希望加入人体室外热舒适性的实测研究,让定量化的气候数据同心理因素结合起来,得到一套适用于武汉及长江中下游区域的室外人体热舒适性指标体系,以此来评价室外气候的优劣,并辅助规划决策。

第四,笔者在研究中发现城市中心区及城市边缘区的相互作用十分显著,且对于城市气候的影响也十分明显,然而这部分的研究也鲜少被涉及,我们希望在未来可以开展此类研究。

参考文献

[1] 周淑贞,束炯.城市气候学[M].北京:气象出版社,1994.

[2] Seinfeld J H.空气污染——物理和化学基础[M].北京:科学出版社,1986:13-15.

[3] Howard L. The Climate of London [M]. London: Methuen & Co LTD.

[4] Cermak J E. Applications of fluid mechanics to wind engineering:A freeman scholar lecture[J]. J. Fluids Eng,1974,97:9-38.

[5] Trusilova K,Jung M,Churkina G,et al. Urbanization impacts on the climate in Europe: Numerical experiments by the PSU-NCAR Mesoscale Model(MM5)[J]. J. Appl. Meteor. Climatol. ,2008,47(5):1442-1455.

[6] Miao S G,Chen F,Magaret A L,et al. An observational and modeling study of characteristics of urban heat island and boundary layer structures in Beijing[J]. J. Appl. Meteor. Climatol. ,2009b,48(3):484-501.

[7] Freitas E D,Rozoff C M,Cotton W R,et al. Interactions of an urban heat island and sea-breeze circulations during winter over the metropolitan area of Sao Paulo,Brazil[J]. Bound.-Layer Meteor. ,2007,122(1):43-65.

[8] Zhang N,Gao Z,Wang X,et al. Modeling the impact of urbanization on the local and regional climate in Yangtze River Delta,China[J]. Theor. Appl. Climatol. ,2010,102:331-342.

[9] Taha H,Meier A. Mitigation of urban heat islands: Meteorology,energy,and air quality impacts[J]. Proceedings of the International

Symposium on Monitoring and Management of Urban Heat Island, CREST/JST, November 19-20, Keio University, Fujisawa, Japan, 1997:124-163.

[10] Taha H. Meso-urban meteorological and photochemical modeling of heat island mitigation [J]. Atmospheric Environment, 2008, 42: 8795-8809.

[11] Zhang N, Zhu L F, Zhu Y. Urban heat island and boundary layer structures under hot weather synoptic conditions: A case study of Suzhou City, China[J]. Advances in Atmospheric Sciences, 2011, 28 (4):855-865.

[12] Erell E, Williamson T J. Intra-urban differences in canopy layer air temperature at a mid-latitude city [J]. International Journal of Climatology, 2007, 27(9):1243-1255.

[13] Nakamura Y, Oke T R. Wind, temperature and stability conditions in an east-west oriented urban canyon[J]. Atmospheric Environment, 1988, 22(12):2691-2700.

[14] Sham S. The climate of Kuala Lumpur-Petajing Jaya area, Malaysia: A study of the impact of urbanization on local climate within the humid tropics[M]. Bangi: UKM press, 1980.

[15] 周淑贞,张超. 上海城市热岛效应[J]. 地理学报,1982(4).

[16] 周淑贞. 上海城市的干岛效应和湿岛效应[J]. 地理教学,1995(6): 2-4.

[17] 周淑贞,郑景春. 上海城市太阳辐射与热岛强度[J]. 地理学报,1991 (2):207-212.

[18] Chandler T J. The climate of London. London: Hutchinson, 1965:150.

[19] Oke T R. The distinction between canopy and boundary layer urban heat islands[J]. Atomosphere, 2010, 14(4):268-277.

[20] Sundborg A. Local climatological studies of the temperature

conditions in an urban area[J]. Tellus,1950,2(3):222-232.

[21] 河村武. 都市大气环境[M]. 东京:东京大学出版会,1979.

[22] Thomas W L. Man's role in changing the face of the earth[M]. Chicago:The University of Chicago Press,1956,29(2):166-172.

[23] Rao P K. Remote sensing of urban heat islands from an environmental satellite[J]. Bulletin of the American Meteorological Society,1972,53:647-648.

[24] Carlson T N, Augustin J A, Boland F E. Potential application of satellite temperatures measurements in the analysis of land use over urban area[J]. Bull. Amer. Meteor. Soc. ,1977,58:1301-1303.

[25] Price J C. Assessment of the urban heat island effect through the use of satellite data [J]. Monthly Weather Review, 1979, 107 (11): 1554-1557.

[26] Byrne G F,Kalma J D,Streten N A. On the relation between HCMM satellite data and temperatures from standard meteorological sites in complex terrain[J]. International Journal of Remote Sensing,1984, 5:56-77.

[27] Kidder S Q,Wu H T. A multispectral study of the St. Louis area under snow-covered conditions using NOAA-7 AVHRR data[J]. Remote Sensing of Environment,1987,22:159-172.

[28] Balling R C, Brazell S W. High resolution surface temperature patterns in a complex urban terrain [J]. Photogrammetric Engineering and Remote Sensing,1988,54:1289-1293.

[29] Carnahan W H,Larson R C. An analysis of an urban heat sink[J]. Remote Sensing of Environment,1990,33:65-71.

[30] Roth M. Satellitederived urban heat island from three coastal cities and the utilization of such data in urban climatology [J]. International Journal of Remote Sensing,1989,10:1699-1720.

[31] Caselles V, Lopez Garcia M J, Melia J, et al. Analysis of the heat

island effect of the city Valencia, Spain, through air temperature transects and NOAA satellite data[J]. Theor. Appl. Climato. ,1991, 43:195-203.

[32] Gallo K P,Mcnab A,Karl T R,et al. The use of NOAA AVHRR data for assessment of the urban heat island effect [J]. Journal of Applied Meteorology,1993,32:899-908.

[33] Gallo K P. The use of a vegetation index for assessment of the urban heat island effect[J]. International Journal of Remote Sensing,1993, 14(11):2223-2230.

[34] Owen T W, Carlson T N. , Gillies R R. Remotely sensed surface parameters governing urban climate change[J]. International Journal of Remote Sensing,1998,19(9):1663-1681.

[35] Mnaley G. On the frequency of snowfall in metropolitan England [J]. Quarterly Journal of the Royal Meteorological Society,1958,84 (359):70-72.

[36] 周淑贞,张如一,张超. 气象学与气候学[M]. 3 版. 北京:高等教育出版社,1997.

[37] 何萍,李宏波. 云贵高原中小城市热岛效应分析[J]. 气象科技,2002, 30(5):288-291.

[38] 林学椿,于淑秋. 北京地区气温的年代际变化和热岛效应[J]. 地球物理学报,2005,48(1):39-45.

[39] 彭少麟,周凯,叶有华,等. 城市热岛效应研究进展[J]. 生态环境学报, 2005,14(4):574-579.

[40] Li Q,Zhang H,Liu X,et al. Urban heat island effect on annual mean temperature during the last 50 years in China [J]. Theoretical and Applied Climatology,2004,79(3-4):165-174.

[41] Wang W, Zeng Z, Karl T R. Urban heat islands in China [J]. Geophysical Research Letters,2013,17(13):2377-2380.

[42] 曾侠,钱光明,潘蔚娟. 珠江三角洲都市群城市热岛效应初步研究[J].

气象,2004,30(10):12-16.

[43] Kalnay E, Cai M. Impact of urbanization and land use change on climate [J]. Nature,2003,423:528-531.

[44] 张景哲,刘继韩,周一星,等. 北京城市热岛的几种类型[J]. 地理学报,1984,39(4):428-435.

[45] 吕文翰. 西安夏季城市热岛效应[J]. 陕西气象,1987(4):36-39.

[46] 胡华浪,陈云浩,宫阿都. 城市热岛的遥感研究进展[J]. 国土资源遥感,2005,17(3):5-9.

[47] 许辉熙,但尚铭,何政伟,等. 成都平原城市热岛效应的遥感分析[J]. 环境科学与技术,2007,30(8):21-23.

[48] 张伟,但尚铭,韩力,等. 基于 AVHRR 的成都平原城市热岛效应演变趋势分析[J]. 四川环境,2007,26(2):26-29.

[49] 桑建国. 城市热岛效应的分析解[J]. 气象学报,1986,4(2):251-255.

[50] 边海,铁学熙. 天津市夜间城市热岛的数值模拟[J]. 地理学报,1988,43(2):150-158.

[51] 李小凡. 热岛效应强迫下的中尺度环流的动力特征及极限风速的一种解析表达[J]. 气象学报,1990,48(3):327-335.

[52] 孙旭东,孙孟伦,李兆元. 西安市城市边界层热岛的数值模拟[J]. 地理研究,1994,13(2):49-54.

[53] 陈二平,武永利,张怀德,等. 太原市城市热岛的数值模拟及其成因浅析[J]. 山西气象,2001,14(2):26-28.

[54] 杨玉华,徐祥德,翁永辉. 北京城市边界层热岛的日变化周期模拟[J]. 应用气象学报,2003,14(1):61-67.

[55] 江学顶,夏北成,郭泺,等. 数值模拟与遥感反演的广州城市热岛空间格局比较[J]. 中山大学学报,自然科学版,2006,45(6):116-120.

[56] 杨英宝,苏伟忠,江南. 基于遥感的城市热岛效应研究[J]. 地理与地理信息科学,2006,22(5):36-40.

[57] 江学顶,夏北成. 珠江三角洲城市群热环境空间格局动态[J]. 生态学报,2007,27(4):1461-1470.

[58] 苏伟忠,杨英宝,杨桂山.南京市热场分布特征及其与土地利用/覆被关系研究[J].地理科学,2005,25(6):697-703.

[59] 周红妹,周成虎,葛伟强,等.基于遥感与GIS的城市热场分布规律研究[J].地理学报,2001,56(2):189-197.

[60] 丁金才,张志凯,奚红,等.上海地区盛夏高温分布和热岛效应的初步研究[J].大气科学,2002,26(3):412-420.

[61] 陈云浩,王洁,李晓兵.夏季城市热场的卫星遥感分析[J].国土资源遥感,2002,14(4):55-59.

[62] 张一平,李佑荣,彭贵芬,等.昆明城市发展对室内外平均气温影响的研究[J].地理科学,2001,21(3):272-277.

[63] 何云玲,张一平,刘玉洪,等.昆明城市气候水平空间分布特征[J].地理科学,2002,22(6):724-729.

[64] Martilli A, Clappier A, Rotach M T. An urban surface exchange parameterization for mesoscale models [J]. Boundary-Layer Meteorology,2002,104(2):261-304.

[65] Kusaka H,Kondo H,Kikegawa Y,et al. A simple single-layer urban canopy model for atmospheric models: Comparison with multi-layer and slab models[J]. Boundary-Layer Meteorology, 2001, 101(3): 329-358.

[66] Mellor G L,Yamada T. A hierarchy of turbulence closure models for planetary boundary layers[J]. Journal of the Atmospheric Sciences, 1974,31(7):1791-1806.

[67] Mellor G L, Yamada T. Development of a turbulence closure model for geophysical fluid problems[J]. Reviews of Geophysics and Space Physics,1982,20(4):851-875.

[68] Monin A S, Yaglom A M, Lumley J L. Statistical fluid mechanics, volume I: mechanics of turbulence[M]. Cambridge: MIT Press, 1971:769.

[69] Yamada T, Bunker S. Development of a nested grid second moment

turbulence closure model and application to the 1982 ASCOT brush creek data simulation[J]. Journal of Applied Meteorology, 1988, 27: 562-578.

[70] Kondo J, Watanabe T. Studies on the bulk transfer coefficients over a vegetated surface with a multilayer energy budget model[J]. Journal of Atmospheric Sciences, 1992, 49: 2183-2199.

[71] McClatchey R A, Fenn R W, Selby J E A, et al. Optical properties of the atmosphere[J]. Environmental Research papers, 1971, 108.

[72] Blackadar A K. The vertical distribution of wind and turbulent exchange in neutral atmosphere[J]. Journal of Geophysical Research, 1962, 67: 3095-3102.

[73] ESRI. ESRI shapefile technical description[R/OL]. ESRI White Paper, 1998. 7.

[74] Eckert E R G, Drake R M. Heat and Mass Transfer[M]. New York: McGraw-Hill, 1959: 398.

[75] Sakakibara Y. A numerical study of the effect of urban geometry upon the surface energy budget[J]. Atmospheric Environment, 1996, 30(3): 487-496.

[76] 川本陽一. メソスケール数値気象モデルを用いた都市気候予測モデルの構築とその応用に関する研究[D]. 東京:東京大学, 2007. 12.

[77] Arnfield J, Herbert J M, Johnson G T. A numerical simulation investigation of urban canyon energy budget variations[J]// 2nd AMS Urban Environment Symposium. American Meteorological Society, 1998: 2-5.

[78] Dickinson R E, Henderson-Sellers A, Kennedy P J, et al. Biosphere/Atmosphere Transfer Scheme (BATS) for the NCAR community climate model[R]. Technical Report NCAR, 1986: 69.

[79] Ichinose T, Shimodozono K, Hanaki K. Impact of anthropogenic heat on urban climate in tokyo[J]. Atmospheric Environment, 1999, 33:

3897-3909.

[80] Grimmond C S B, Oke T R. Comparison of heat fluxes from summertime observations in the suburbs of four North American cities[J]. Journal of Applied Meteorology,1995,34(1):873-889.

[81] Kondo J. Heat and momentum transfers under strong stability in the atmospheric surface layer[J]. Journal of Atmospheric Sciences, 2010,35(6):1012-1021.

[82] Kimura F. Heat flux on mixture of different land-use surface:test of a new parameterization scheme[J]. J. Meteorol. Soc. ,Japan, 1989, 67:401-409.

[83] Kimura F, Takahashi S. The effects of land-use and anthropogenic heating on the surface temperature in the tokyo metropolitan area:A numerical experiment[J]. Atmospheric Environment, 1991, 25B: 155-164.

[84] Kondo J,Watanabe T. Studies on the bulk transfer coefficients over a vegetated surface with a multilayer energy budget model[J]. J. Atmos. Sci. ,1992,49:2183-2199.

[85] Mills G M. Simulation of the energy budget of an urban canyon-Ⅰ. Model structure and sensitivity test[J]. Atmospheric Environment, 1993,27(2):157-170.

[86] Voogt J A,Grimmond C S B. Bulk heat transfer modeling of urban surface sensible heat flux[R]. Proceedings of 15th International Congress of Biometeorology and International Conference on Urban Climatology(ICB-ICUC '99):Sydney,1999:8-12.

[87] Yamazaki T, Kondo J, Watanabe T. A heat-balance model with a canopy of one or two layers and its application to field experiments [J]. J. Appl. Meteorol. ,1992,31:86-103.

[88] Dudhia J. A nonhydrostatic version of the Penn State NCAR mesoscale model: validation tests and simulation of an atlantic

cyclone and clod front[J]. Monthly Weather Review, 1993, 121: 1493-1513.

[89] Keyser D, Anthes R A. The applicability of a mixed-layer model of theplanetary boundary layer to real-data forecasting[J]. Monthly Weather Review, 1977, 105: 1351-1371.

[90] Masnavi M R. The new millennium and the new urban paradigms: The compact city in practice[M]//Williams K, Burton E, Jenks M, et al. Achieving sustainable urban form. London/New York: E&F Spon, 2000: 64-73.

[91] Cleugh H A, Oke T R. Suburban-rural energy balance comparisons in summer for Vancouver, B. C[J]. Boundary-Layer Meteorology, 1986, 36: 351-369.